U0287159

国家科技重大专项课题(2017ZX05037001)资助

页岩气解吸-扩散-渗流的多尺度传输机理研究

刘建军　张伯虎　裴桂红　著

科学出版社
北京

内容简介

本书以四川盆地龙马溪组页岩气藏为研究对象，采用试验、理论和数值分析方法等，从微纳尺度、岩心尺度及工程尺度等全面论述了页岩气微观运移、介质孔隙中渗流模型和水力裂缝分叉扩展效应等内容。本书共7章，对有机质分子吸附机理、双重介质渗流数学模型、储层SRV区域渗流数学模型、真三轴水力压裂试验及多裂缝压裂数值模拟等方面进行了研究。

本书可供石油工程、勘查技术与工程等专业的科研人员、设计和施工人员，以及高等院校的教师、研究生、本科生等参考。

图书在版编目(CIP)数据

页岩气解吸-扩散-渗流的多尺度传输机理研究 / 刘建军，张伯虎，裴桂红著. —北京：科学出版社，2023.9

ISBN 978-7-03-065609-4

Ⅰ. ①页… Ⅱ. ①刘… ②张… ③裴… Ⅲ. ①四川盆地-油页岩资源-研究 Ⅳ. ①TE155

中国版本图书馆CIP数据核字（2020）第114437号

责任编辑：刘莉莉 / 责任校对：彭 映

责任印制：罗 科 / 封面设计：墨创文化

科学出版社出版

北京东黄城根北街16号

邮政编码：100717

http://www.sciencep.com

四川煤田地质制图印务有限责任公司印刷

科学出版社发行 各地新华书店经销

*

2023年9月第 一 版 开本：B5（720×1000）

2023年9月第一次印刷 印张：10 1/4

字数：200 000

定价：139.00元

（如有印装质量问题，我社负责调换）

前　言

我国页岩气资源丰富，加强页岩气开发力度对于改善能源结构，保障我国能源安全具有十分重要的意义。为深入揭示页岩气的赋存、解吸和运移机理，丰富页岩气勘探与开发理论，提升我国页岩气开发水平，本书采用理论分析、实验研究和数值模拟等方法，从微纳米尺度、岩心尺度及工程尺度出发全面论述页岩气微观运移、宏观渗流和水力裂缝分叉扩展规律等内容，并分析不同因素对解吸、扩散和渗流的影响。

首先，从理论上建立了多尺度的页岩气渗流数学模型。一是从微观尺度，构建了页岩有机质简单骨架和有机质与无机质混合组分的复杂骨架分子模型，采用巨正则蒙特卡罗方法和分子动力学方法，模拟了纳米尺度下甲烷在页岩孔隙中的微观赋存及运移过程，分析了温度、孔径以及气体组分对页岩气吸附扩散的影响规律。二是从岩心角度，推导了考虑吸附层、扩散、基质变形和滑脱效应等多种因素影响下的页岩气双重介质渗透率模型，分析了有效应力、孔隙压力、应力敏感系数、孔隙半径、初始裂缝开度、吸附层厚度和滑脱系数对渗透率的影响。基于修正的火柴杆模型建立了储层改造(SRV)区域的孔隙度、各向异性渗透率等随有效应力变化的数学表达式，结合渗流场、应力场控制方程，建立了页岩气 SRV 区域渗流-应力耦合方程。三是从工程尺度，结合实际生产资料和实验数据，对 SRV 区域的渗透率模型进行了拟合，拟合程度较好。在页岩气开采的数值模拟中发现，主裂缝决定了压裂过程中 SRV 区域的裂缝扩展方向，且 SRV 区域大小随着裂缝条数、次级裂缝与主裂缝间角度的增加而增加。对于随机展布的裂缝，相交条数和相交点数越多，储层压力下降的范围越大。

其次，揭示了水力裂缝分叉扩展规律。通过页岩的室内真三轴多级压裂实验，发现水压裂缝产生与围岩周边应力和压裂级数直接相关。初始压力作用时，泵压曲线有一定的波动，水力裂缝的扩展基本垂直于最小主应力方向，然后逐渐形成一定的转向。二次加载产生的水力裂缝扩展方向和最小主应力方向夹角较大，且受初次加载产生的裂缝影响较大。多级加载形成的主裂缝面一般会相交，相交的趋势是朝最大主应力方向一侧。

最后，探讨了不同因素对水力压裂裂缝网络和页岩气产量的影响规律。建立了含层理地层模型，考虑了含层理页岩地层中的多裂缝同步压裂问题，模拟了多裂缝同步压裂条件下裂缝的扩展形态和裂缝间的压裂液流量分配，探讨了层理对多裂缝同步压裂中裂缝网络形成的影响规律，分析了应力差、层理面与井筒间距、层理数对裂缝网络形成的影响。通过页岩气水平井开采的数值模拟，研究了基质初始孔隙度、裂缝区域宽度、裂缝系统长度和裂缝区域间距对储层的平均裂缝压力和日产气量的影响。

本书是在国家科技重大专项子课题“页岩气渗流规律与气藏工程方法”(2017ZX05037001)的资助下完成的。书中内容是多位教师和研究生大量研究成果的提炼和升华，参与相关研究的人员包括纪佑军教授、李彪副教授，郑永香博士以及张静、师迪、刘奕辰、周昌满、姬彬翔、马浩斌、李万堃、穆俊延、周逸、王燕等硕士。在研究过程中，得到了中国科学院渗流流体力学研究所刘先贵所长和胡志明主任、辽宁工程技术大学孙维吉副教授和马玉林副教授、中国石油大学(北京)侯冰教授、西南石油大学韩林老师等专家的指导、支持和帮助。硕士研究生陈思宏、胡尧、彭朝波、许倩等参与部分文字、图表和格式的校对工作。本书参考了大量文献资料，难以一一列出，在此向原作者表示感谢。此外，本书出版得到科学出版社的热忱关注与悉心合作，一并致以诚挚的谢意。

由于页岩气储层解吸-扩散-渗流相关机理涉及流体力学、岩石力学、断裂力学及其相互交叉的理论与方法，页岩气渗流场变化又是油气开采中重要的技术难题，对于该技术的研究探讨显得十分紧迫和必要，但其研究的难度也较大。限于作者水平，书中难免有不当之处，请同行专家和读者批评指正。

目　　录

第1章 绪　论

1.1 研究背景

页岩气的勘探与开发关系到国家的能源安全，具有十分重要的战略意义。我国页岩气资源储量居世界首位。美国能源信息署(Energy Information Administration)的最新统计结果显示，我国页岩气技术上的可开采储量达到31.57亿m^3，占全球总量的15%，主要分布在四川盆地、塔里木盆地、准噶尔盆地与松辽盆地。“十二五”期间，我国页岩气勘查开发实现零的突破且累计探明地质储量达到7643亿m^3。自然资源部在《全国石油天然气资源勘查开采情况通报(2020 年度)》中指出，截至2020年底，全国页岩气累计探明地质储量达到2.00万亿m^3。我国页岩气开发利用正在加快迈入产业化、商业化生产阶段，力争成为与美国、加拿大鼎足而立的页岩气生产大国。

页岩气的成藏方式复杂，烃源岩既是储层也是盖层，形成了“自生自储”的原地成藏方式[1]，储层物性差、孔隙度与渗透率低，资源分布范围广泛但单位面积的丰度相对较低。因此，一般情况下，页岩气无自然产能[2]。美国提出的“页岩气革命”实现了全球各个国家页岩气等非常规油气资源的重大战略性突破，打破了全球原有的能源格局。然而，我国地质条件复杂、构造运动活跃，且水资源相对匮乏，页岩气开采尚未形成完整的理论与技术体系，在页岩气的勘探开发方面还面临着诸多困难与挑战。若要形成大规模商业化生产，需在借鉴其他国家经验的基础之上，从我国实际国情出发，形成符合中国特色的页岩气藏压裂改造理论与技术。

体积压裂技术是页岩气高效开发的核心技术之一。为了提高页岩气采收率，必须利用人工诱导裂缝与天然裂缝形成裂隙网络系统，增大储层区域的改造体积，即增加储层改造体积(stimulated reservoir volume，SRV)区域[3-5]。对储层体积进行改造是为了尽可能地增大岩石与裂缝网络系统的接触面积[6]，而影响页岩气储层改造效果的一个重要参数就是SRV。目前，国内外针对SRV的研究主要集中在微震监测法和还未完善的理论方法。因此，研究SRV区域的渗流-应力耦合规律，建立SRV区域的渗流数学模型并研究SRV区域的发展规律对相关的理论发展具有重要意义，同时对页岩气开采的实际生产有一定的指导作用。

页岩气在开采过程中受到压力、应力等的影响，形成了渗流场和应力场共同作用的耦合运移机制，不同的渗流-应力耦合模型也被相继提出，其中包括等效连续介质模型、裂缝网络模型、断裂力学模型、连续损伤力学模型和统计模型等[7]。在页岩气藏的耦合机制研究中，双重介质模型由于计算量小、易求解、便于应用于工程的优点而被广泛运用。对于双重介质模型而言，储层可分为基质和裂缝两个系统，并且分别具有不同的渗透率和孔隙度。对基质系统和裂缝系统的流固耦合机制展开研究，可提升页岩气开发理论水平，提高该类气藏的开发效果。同时，渗透率是页岩气藏流体渗流能力的主要指标，决定了页岩气藏的开发和产能。页岩气储层多场耦合特性比较复杂，也是当前研究的热点课题。

1.2 国内外研究现状

1.2.1 页岩气运移机制研究

页岩气藏孔隙类型繁多、结构复杂，多尺度特性显著[8]，主要存在 4 种多孔介质，其尺度由大到小分别是水力压裂裂缝、微米至毫米级的天然裂缝、无机矿物中的纳米至微米级粒间孔隙及有机质中的纳米级粒内孔隙。页岩气储层中，游离气与吸附气共存，存在多种储集形式[9-13]。吸附气可占储集总量的20%～85%[12]，储集在有机质表面；游离气则储集在微裂缝、非有机粒间孔隙中，有机质的纳米级孔隙网络中也有游离气的存在。

Bird 等[14]将气体在多孔介质中的运移机制总结为以下几种模式：黏性流、克努森(Knudsen)扩散、分子扩散(当气体为多组分时)、吸附气的吸附解吸(当吸附气存在时)。由于孔隙介质不同、气体的储集形式不同，多孔介质中气体的运移机制也各有特点：水力压裂裂缝等人工裂缝、微裂缝与微米尺度以上的孔隙中，气体的运移机制为黏性流，即满足传统的达西(Darcy)定律；当存在纳米级孔隙时，气体在多孔介质中的运移机制不能仅仅用 Darcy 定律来描述，此时，不仅存在黏性流，还存在 Knudsen 扩散。

Javadpour 模型、Civan 模型是目前用于描述气体在微纳米孔隙中运移机制的主要模型。

1. Javadpour 模型

Javadpour 等[15,16]发现，页岩的纳米孔隙中的气体流动可以用具有恒定扩散系数的扩散传输机制和可以忽略的黏性效应来建模。他们对微裂缝中与粒间孔隙中气体的流动进行了研究，认为菲克(Fick)定律与 Darcy 方程不能准确地描述纳米孔隙中的气体流动。Javadpour 根据分子动力学的基础理论推导出能够代入 Darcy

方程的新的渗透率方程——表观渗透率，表观渗透率考虑了 Knudsen 扩散和黏性流的共同作用，建立了用于描述气体在纳米级孔隙中流动的 Javadpour 模型。随后，Hamed 等[17-19]对该模型进行了修正，使用不同的方法来确定孔隙率，并分析了黏性流与 Knudsen 扩散对渗透性的影响。

2. Civan 模型

Civan 等[20-28]根据 Beskok 和 Karniadakis[29]开发的哈根-泊肃叶(Hagen-Poiseuille)方程，采用 Knudsen 数来描述致密多孔介质中的气体运移规律，包括黏性流与 Knudsen 扩散。Beskok 模型描述了气体在单管中的运移，Civan 等将该模型运用到多孔介质中，考虑了多孔介质的特征参数对表观气体渗透率、稀疏系数和克林肯贝格(Klinkenberg)气体滑脱因子的影响。在 Civan 模型的基础上，Sakhaee-Pour 和 Bryant[30]将吸附层的效果视为纯粹的几何形状，并假定吸附层厚度与压力呈线性变化，考虑了吸附层厚度的影响。Xiong 等[28]则考虑了吸附层厚度、吸附层内气体的表面扩散两个因素的共同影响。

1.2.2　储层体积改造形成与计算方法研究

水力压裂所形成的缝网，不是简单的平面对称双翼形，裂缝网络的几何形状与储层的天然条件(压力状态、非均质性、孔隙饱和状态等)相关[31]。

2002 年，Maxwell 利用微地震监测技术研究了 2000 年 5 月至 2001 年 12 月间巴尼特(Barnett)页岩水力压裂后裂缝的发育情况，发现水压裂缝在空间上呈现出复杂的网络形态[32]。裂缝的发育与水力压裂、原裂缝网络存在密切联系，其规模受施工时注入液体规模的影响，注液规模越大，监测到的微震活动区域越大，裂缝网络越发育，增产的效果越好。

同年，Fisher 等也对 Barnett 页岩的微地震数据进行了分析，得出了裂缝网络与生产之间的关系[33]。后来，他们系统性地总结了该地区水力压裂时裂缝形态与裂缝扩展的特点，绘制出直井网络裂缝典型图，数据表明，裂缝网络最远可扩展至 1600m 长，343m 宽[34]。

SRV 的概念在 2006 年第一次被提出。Mayerhofer 等在分析 Barnett 页岩的微地震数据与裂缝网络时，提出了“储层改造体积”这个概念，并用数值模拟的方法对垂直井和水平井的裂缝网络结构进行了模拟，揭示了 SRV 与累积产量间的关系，并提出了扩大 SRV 以改善 Barnett 页岩未来水平井完井与压裂的技术思路[35]。2010 年，Mayerhofer 等发表了论文《什么是储层改造体积？》，更加系统地解释和阐述了裂缝网络系统、SRV 及产量间的关系，并指出，SRV 是影响油气产量的一个重要因素[36]。

2008 年，Medeiros 等认为水力压裂会导致储层中地应力的改变，从而导致水平井周围裂缝的开启与关闭，而低渗透油气藏项目的经济性很大程度上取决于井间距与裂缝网络的大小[37]。2012 年，Clarkson 等指出，多段水力压裂技术不但能够产生水力裂缝，地应力的变化还会导致天然裂缝间的开启、关闭、连通，从而形成复杂的裂缝网络系统[38]。

储层体积改造，是一个新型的概念。一些学者对其进行了定义[39]，认为体积改造有广义与狭义之分。广义的体积改造是指分层压裂技术与水平井分段改造技术。分层压裂技术能够增加纵向剖面的动用程度，而水平井分段改造技术则能够提高储层的渗流能力并且增大储层的泄油面积。狭义的体积改造则是指通过水力压裂工艺措施来增大裂隙网络的连通程度，其定义为，通过水力压裂措施对储层进行改造，在持续高压注入流体形成一条或多条水力裂缝之后，通过其他各类措施(如分段多簇射孔、转向材料与技术等)的应用，使水力裂缝与储层中已存在的天然裂缝、岩石层理相互贯通，同时在主裂缝的侧向形成次生裂缝，再在次生裂缝侧面分支形成二级次生裂缝，按照上述规律类推。最终，主裂缝与多级次生裂缝交织、沟通，打破储层原有的渗流状态，形成裂缝网络系统，即 SRV 区域。

裂缝网络系统能够使储层基质与裂缝壁面的接触面积尽可能地增大，各方向的油气资源流向裂缝的渗流距离缩短，从长、宽、高三维方向对储层区域进行全方位的改造，有效地提高储层渗透率，在使单井生产率得到大幅提升的同时，也最大限度地提高储层的动用率与采收率[40]。

2012 年，贾长贵等根据支撑裂缝是否形成，提出了页岩网络压裂有效改造体积(ESRV)的概念，并根据北美页岩气压裂经验与我国的工程技术实践，针对裂缝脆性硬岩压裂施工时易堵难以成功等问题，从压裂前地质评价、压裂时射孔参数优化与压裂方案等方面着手，提出了我国页岩水力压裂技术问题解决方案[41]。

2011 年，根据 Miller 等的调查结果，水力压裂产生的裂缝中，近 1/3 的裂缝对油气井产能没有贡献[42]。因此，为了评估储层油气藏商业开发价值，提高页岩气产量，降低生产开发成本，越来越多的学者认识到 SRV 区域的重要性，对裂缝网络的形成过程与模型进行研究。主要研究工作大致包括两个方面：一方面，分析与模拟水力压裂过程，对裂缝延伸规律进行研究，以更好地优化施工设计参数与 SRV 区域模型，提高产量与采收率[43-46]；另一方面，使用简化后的 SRV 区域，通过分析裂缝网络系统中流动规律、油气产量等理论模型、数值模拟与现场数据，对裂缝参数进行适当优化，得到简化后的计算方法，获得油气井的最优产能[47-49]。

了解与掌握裂缝网络系统的形成过程，有助于水力压裂设计。对水力压裂过程中裂缝扩展规律与数学模型的研究，从 20 世纪 50 年代以来，一直是国内外学者的研究热点。SRV 区域形成过程在地应力、储层岩石力学参数、压裂液参数、施工参数等多种因素共同作用下，是一个典型的多场耦合问题。

SRV 可以通过裂缝监测技术、半解析法、SRV 模型等方法监测或计算得出。

1. 裂缝监测技术

天然裂缝分布的随机性受地层岩石物理、化学、力学等性质的影响，水力压裂后形成的裂缝网络系统的形态难以精确控制，因此，实际 SRV 区域常常会与设计的形态有或大或小的偏差。为了更好地优化实际施工参数与方案，以最大程度地提高油气采收率，需要通过一定的技术手段来确定 SRV 区域裂缝的走向、长度、宽度等几何形态与发育情况。目前，常用的裂缝监测技术有以下几种：微地震监测技术、地面监测技术(测斜仪监测法)、井下技术。其中，微地震监测技术是使用最广泛的技术。

1) 微地震监测技术

水力压裂过程中，由于向储层持续高压注入液体，裂缝的扩展与延伸会导致地层应力场的改变。大量的现场工程实践表明，高压注水、超高压压裂等高压流体持续性注入措施极易使断层封闭甚至活化，水力压裂导致的裂缝面的剪切滑动规模较小，也就是发生震级 $M<3.0$ 级的“微地震”[50]。微地震监测技术通过利用岩石破裂产生的微震动波，对水力压裂形成的岩石破裂点进行成像，从而对油气渗流方向、路径、状态进行监测[51-54]。水力压裂工艺造成储层岩石的破裂与裂缝的延伸扩展，在此过程中产生的震动能量以弹性波的形式向四周传播。布置在监测井周围的检波器根据弹性波被接收的时间差，计算并确定微震震源的位置，即可确定储层中裂缝发生剪切破坏的具体方位[55]。裂缝的形态可以利用震源的概率分布进行描述，裂缝的空间位置、长度、宽度数据可以通过三维可视化技术得到[56]。

微地震监测技术很大程度上促进了“体积改造”理念的发展，加快了 SRV 区域理念的转变。该技术可以用于水力压裂过程中裂缝网络系统形态与几何尺寸的确定，确定 SRV 区域与施工参数、压裂效果等之间的密切关系，在油气开采的参数优化、现场施工、产能预测、油气藏优化管理等方面具有参考价值[57]。

2) 地面监测技术(测斜仪监测法)

微地震监测法能够通过对每一次地震情况的监测，反演计算出裂缝网络系统的几何参数与确切位置，进行 SRV 区域的连通性分析和体积估算[58-60]。测斜仪监测法则是监测水力压裂过程中产生的所有水力裂缝导致的位移场总和，对有效压裂体积与方位角更为敏感，能够对微地震监测法进行有效补充[61]。

水力压裂过程中，应力场的改变引起裂缝的形成，而裂缝的产生、扩展则会引起地表与地层的微小变形。由于变形所产生地表位移十分小(万分之一英寸①)，

① 1 英寸=2.54 厘米。

难以用普通测量仪器进行直接测量，但是，测斜仪能够记录下位移梯度的改变。测斜仪能够记录垂直方向的角度变化。Wright 等指出，决定地表变形最主要的几个因素按照敏感性由大到小依次为裂缝的倾角、方位、体积、中心深度[62]。测斜仪一般布置在油气井周围地表位置，通过其监测得到的位移场数据，可以反演得到水力裂缝的相关参数[63]。

测斜仪监测技术在国内油气开采中的应用已有 10 多年。2009 年，长庆油田在国内首次引入了地面测斜仪监测技术，在对苏里格气田和榆林气田两口井进行相关试验之后，分析得到了水力裂缝相关数据，发现压裂所形成的裂缝走向(东北 70°～75°方向)与鄂尔多斯盆地最大主应力方向一致[64]，对长庆低渗透油田压裂技术的提升与体积压裂改造效果的优化具有重要意义[65]。

2012 年，Astakhov 等基于精密的地面测斜仪监测技术所获得的地表微变形数据，提出了一个新的 SRV 估计方法，这个方法能够用于解决裂缝网络系统主要裂缝的空间分布、方向与体积等问题，还能够深入了解裂缝中油气的渗流状态[66]。

我国学者根据不同油气田的压裂状况，对地面测斜仪监测法进行了各类研究[67-69]，对压裂形成的 SRV 区域复杂性与裂缝系统扩展有了进一步的认识。

2. 半解析法

1997 年，Shapiro 等推导出了适用于均质各向同性地层的 SRV 区域的计算方法[70]。2012 年，Yu 对该方法进行了扩展，提出了一种适用于均质各向异性三维储层水力压裂后的 SRV 的 3D 分析模型[71]。该模型需要详细的微地震监测数据，已经将其应用于 Barnett 页岩与美国马塞卢斯(Marcellus)页岩的分析。

2009 年，Xu 等提出了线网模型(hydraulic fracture network model，HFN 模型)[72]。HFN 模型属于半解析模型，需要利用井筒压力与微地震监测数据。该模型将裂缝网络系统视为以井筒为对称轴的椭球体。裂缝由若干条垂直、水平的正交界面来表示，并认为天然裂缝与人工裂缝相连接。该模型考虑了水力压裂施工参数、支撑剂分布等因素，能够依据岩石力学方法对裂缝的扩展进行实时表述。但是该模型不能准确模拟不规则裂缝的延伸情况，没有考虑缝间干扰情况，模拟结果需要依托于微地震监测数据。

3. SRV 模型

2011 年，Meyer 和 Bazan 认为流体在裂缝和基质双重介质中均有流动，首次提出了离散裂缝网络模型(discrete fracture network model，DFN 模型)[73]。目前，DFN 模型模拟流动的方法较多，主要有伽辽金(Galerkin)有限元、控制体积有限差分方法(包括 TPFA 与 MPFA 两种)，模型的研究成果已嵌入相关商业软件中[74-79]。

2011 年，Weng 等提出了非常规模型(unconventional fracture model，UFM)。该模型是一个数值模型，建立了裂缝延伸准则，考虑了天然裂缝与水压裂缝间的作用，并且对压裂液、混砂液、支撑剂从上至下进行了模拟，能够对裂缝网络系统提供更加准确的描述[80]，但是模型对参数的要求较高。

我国学者基于各个研究角度，提出了 SRV 计算模型。温庆志等根据施工参数建立了一个 SRV 计算模型[81]，并对弹性模量、泊松比、地应力差、储层厚度等因素进行了分析。结果表明，泊松比的临界值为 0.36MPa，水平主应力差的临界值为 6MPa。时贤等基于双重介质理论，将 SRV 划分为裂缝网格与基质，假设 SRV 区域为椭球体，将主干裂缝与小尺度次生裂缝分开计算，构建了复杂裂缝网络的几何模型[82]。赵金洲等基于双重介质模型，将水力裂缝视为离散裂缝，根据纳米孔隙的特征等，建立了储层基质-天然裂缝-人工裂缝的渗流数学模型[83]。基于表面渗透率，舒亮提出了考虑纳米尺度的页岩储层微观流动模型，同时，建立了纳米尺度下的页岩气藏水平井二维单向模型，该模型考虑了基质系统的微观流动、页岩吸附解吸现象、支撑缝与自支撑缝的影响[84]。高树生等将连续性方程与窜流方程进行有机耦合，得到了 SRV 区域的气体扩散规律，将其运用于四川盆地长宁—威远地区 A 井区的计算，结果表明页岩气井的产能与稳产时间受到压裂规模与基岩扩散能力的共同影响[85]。尹丛彬等建立了裂缝网络扩展模型(fracture network propagation model，FNPM)，该模型能够对不同力学参数与不同天然裂缝条件下的裂缝形态、支撑剂面积等参数进行预测[86]。

1.2.3 页岩气渗流数学模型研究

页岩气储层耦合机制可通过建立数学模型、数值模拟、渗透率试验、现场原位实验[87-90]等方法进行研究，通过分析应力、孔压、流体性质等因素对页岩气开采的影响，进而对页岩气藏的产能进行评估和预测[91,92]。

Azom 和 Javadpour 以压力函数表示基质-裂缝窜流系数，建立了考虑滑脱效应和 Knudsen 扩散的天然裂缝型页岩气藏双重介质渗流模型[93]。Brohi 等将建立的压裂水平井双孔复合数学模型应用于页岩气藏[94]。Huang 等单独将干酪根视为孔隙，且干酪根中的溶解气符合亨利定律，建立了考虑页岩气多尺度运移机理的三重孔隙度模型[95]。Shabro 等则建立了考虑滑脱效应、Knudsen 扩散、解吸和流体可压缩的页岩气藏一维径向流模型[96]。

Aboaba 运用拟压力、时间平方关系曲线等，对储层早期生产数据进行了参数估计[97]。段永刚等利用点源函数、质量守恒法和页岩气藏渗流机理建立了考虑吸附作用的页岩气藏双重介质压裂井渗流模型，并通过数学方法完成了模型的求解[98]。李晓强等建立了考虑基质中扩散渗流的页岩气藏渗流模型，并得到了模型在拉氏空间下的压力解[99]。

利用尘气模型，Guo 等在基质中考虑 Knudsen 扩散、气体解吸附和黏性流动，在裂缝中考虑黏性流动和非达西滑脱的双孔隙度连续介质模型，建立了用于基质和裂缝的物质平衡方程[100]。姚军等建立了全面考虑页岩气运移传输机制的双重连续介质数值模型，通过数值模拟分析了解吸作用、渗透率对页岩气产能的影响[101]。

此外，结合页岩气藏的储层特征和页岩储层中气体的解吸、扩散渗流特征，可以建立相应的气体渗流模型，并求解其压力解，通过绘制压力动态曲线进行敏感性分析[102-104]。将吸附气解吸、扩散方程和滑脱效应引入页岩气井生产过程的渗流模型中，可建立页岩气藏的非稳态渗流数学模型和适用于页岩气井的产能公式，进而分析产能的敏感性[105-107]。

综上所述，在先前的研究中，国内外学者已取得了一些成果，但众多页岩气双重介质数学模型的侧重点不同，而考虑现实储层的吸附、扩散、滑脱、应力敏感等多重因素的流固耦合机制还需要进一步的研究工作。

1.3 本书主要内容

本书采用分子动力学、理论推导、试验和数值模拟等方法，从微纳米尺度、岩心尺度及工程尺度等全面论述页岩气微观运移、介质孔隙中渗流模型和水力裂缝分叉扩展效应等内容，分析不同因素对页岩气解吸、扩散和渗流的影响。本书主要包含以下内容：

(1) 采用分子动力学分析方法，获取不同温度、压力、孔径和气体组分条件下页岩气在有机质孔隙模型和石英与有机质共同组成的复合骨架模型中的吸附扩散规律。

(2) 推导考虑耦合基质变形、气体吸附、应力敏感、气体扩散和滑脱作用的页岩气双重孔隙渗透率模型，并验证该模型的有效性。

(3) 以火柴棒模型为基础，结合页岩气的吸附解吸过程，建立 SRV 区域的孔隙度渗透率数学模型，构建页岩气储层的双重孔隙介质的渗流-应力耦合模型，并进行模型的有效性验证。

(4) 设计实施真三轴水力压裂试验，研究页岩多级加载条件下的水力裂缝扩展规律，并分析多级加载对水力裂缝扩展的影响。

(5) 建立页岩气储层水平井数值模型，对开采过程中的气体流动进行数值模拟，分析储层压力分布和气藏产能随时间变化的规律，获得基质初始孔隙度、裂缝区域宽度、裂缝系统长度和裂缝区域间距对平均裂缝压力和日产气量的影响。

(6) 通过块体离散元方法，建立含层理地层模型，考虑含层理页岩地层中的多裂缝同步压裂问题，模拟多裂缝同步压裂条件下裂缝的扩展形态和裂缝间的压裂液流量分配，探讨层理对多裂缝同步压裂中裂缝网络形成的影响规律。

第 2 章　基于分子动力学的有机质吸附机理研究

2.1　气体在有机质中的吸附扩散模拟

等温吸附试验是宏观尺度结果的体现，很难反映出甲烷的微观吸附机理。因此，需要进一步引入分子模拟手段，从分子层面研究各种因素对甲烷吸附扩散性能的影响及其作用机理，对页岩气藏资源评估和开发具有一定理论指导意义。

有机质纳米孔隙是页岩气吸附的主要空间，而页岩有机质中碳含量为 70%～90%，根据扫描电镜试验的能谱分析结果可知，有机质碳含量高达 90.96%[108,109]。碳纳米管是碳的一种同素异形体，具有高比表面积和高热稳定性等优点。采用 MC（蒙特卡罗，Monte Carlo）和 MD（分子动力学，molecular dynamics）方法模拟纯组分甲烷、二氧化碳以及甲烷与二氧化碳混合组分在碳纳米管中的吸附和扩散行为，研究在孔隙大小、温度、压力和气体种类等条件影响下页岩气的吸附和扩散机理。选用 Material Studio（MS）软件中的 Sorption 和 Forcite 模块分别对页岩气进行吸附和扩散模拟。

页岩的有机质纳米孔隙主要呈蜂窝状分布，为有效节约运算资源并简化计算模型，本章选择用碳纳米管模拟页岩中的有机质纳米孔隙。这样一来，具有周期性的碳纳米管模型可以看作是许多大小相同的有机质孔隙的平行排列，与狭缝模型相比更符合有机质纳米孔隙特征。参考储层温度压力数据，设置模拟温度为 313K、333K、353K，压力范围为 0.1～60MPa，分为 13 个压力点分别建立相应模型进行模拟计算。

2.1.1　模型建立

模拟中首先需要建立单壁碳纳米管模型。单壁碳纳米管一般表示为碳纳米管 (m,n)，其中 m、n 为整数，且 $0 \leqslant |n| \leqslant m$。碳纳米管分为扶手椅型、锯齿型和手性型三种结构，根据前人的研究可知，在研究吸附扩散时，碳纳米管结构差异并不会对气体的吸附扩散产生明显的影响[110]，因此，选择建立扶手椅型结构碳纳米管模型。建立模型的步骤如下：通过 Build Nanostructure 中的 Single-wall Nanotube

命令构建单胞碳纳米环，再用 Supercell 命令可得到需要的管长，用于模拟的盒子晶格参数为 α=90°，β=90°，γ=120°，如图 2-1 所示。构建模型时，设置 $m=n$，有机质孔直径 d 与(m，n)的取值相关：

$$d=\frac{a\sqrt{n^2+nm+m^2}}{\pi} \tag{2-1}$$

式中，a——晶格常数，有机质孔中 a=2.46Å。

流体分子模型由 Material Studio 软件绘制而成，图 2-2 所示是各流体全原子模型，优化后的分子结构参数见表 2-1。

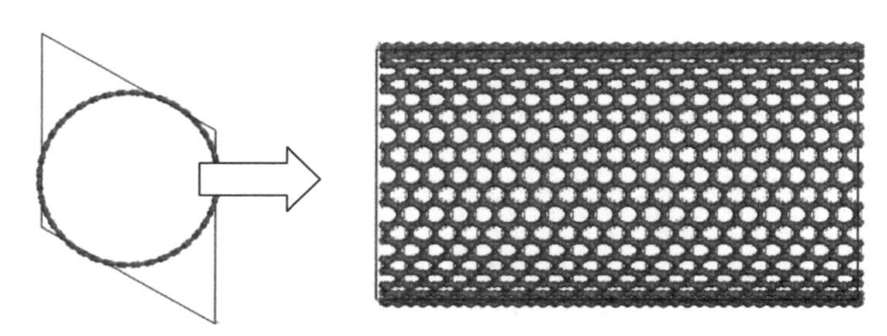

图 2-1　有机质孔隙模型

(a)CH_4分子

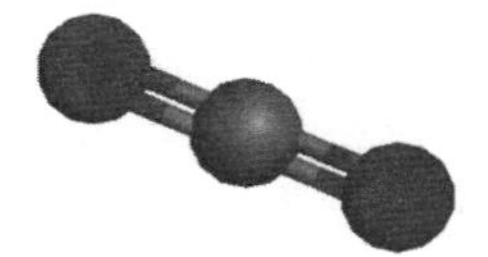

(b)CO_2分子

(c)N_2分子

图 2-2　流体分子模型

表 2-1　流体分子结构参数

流体分子	键长/Å	键角/(°)
CH_4	1.09	109.47
CO_2	1.15	180.00
N_2	1.10	180.00

讨论三种有机质孔隙模型，分别表示为(10，10)、(20，20)、(30，30)，用 d、L 分别表示有机质孔隙的直径和管长，其结构参数见表 2-2。

表 2-2　有机质孔隙结构参数

参数	(10，10)	(20，20)	(30，30)
d/Å	13.56	27.12	40.68
L/Å	49.19	49.19	49.19

2.1.2　参数设置

基于巨正则蒙特卡罗(Monte Carlo)方法，选用 Material Studio 软件中的 Sorption 模块对页岩气进行吸附模拟。但在进行吸附模拟时，涉及模拟储层高压环境，需用逸度代替压力进行计算，因此还需要进行逸度和压力的转换计算。

1. 逸度计算

逸度最早由 Lewis 在 1901 年提出，被广泛地应用于相平衡的计算[111]。巨正则系综中恒定的化学势是一个与逸度[112,113]有关的函数。纯气体逸度的定义式为

$$\mu=\mu_0(T)+RT\ln\frac{f}{p_0} \tag{2-2}$$

$$\lim_{p_0\to 0}\frac{f}{p_0}=1 \tag{2-3}$$

式中，$\mu_0(T)$——与温度和物质种类有关的标准状态化学势，J/mol；

R ——气体常数，8.3143J/(mol·K)；

T ——温度，K；

f ——逸度，Pa；

p_0 ——标准状态下的压力，Pa。

由式(2-2)和式(2-3)可知，在蒙特卡罗模拟中，逸度是一个关键参数。逸度表示系统环境下实际气体的有效压强，即系统状态下分子逃逸的趋势。压力极低的条件下认为气体的逸度与压力近似相等，但实际地层条件下的压力已经远远超出低压范围，此时逸度和压力误差较大，因此不能用压力代替逸度。

纯组分气体的逸度系数表达式为

$$f=f_{\mathrm{m}}p \tag{2-4}$$

式中，f_{m}——逸度系数；

p ——压力，Pa。

由于逸度与压力单位相同，可以将逸度系数 f_{m} 理解为压力的校正系数。针对本节的研究对象，选用 PR(Peng-Robinson)状态方程计算逸度，计算过程如下：

$$p=\frac{RT}{V_{\mathrm{m}}-J}-\frac{H\alpha(T)}{V_{\mathrm{m}}(V_{\mathrm{m}}+J)+J(V_{\mathrm{m}}-J)} \tag{2-5}$$

$$\alpha(T)=\left[1+W\left(1-T_{\mathrm{r}}^{0.5}\right)\right]^2 \tag{2-6}$$

$$W=0.37464+1.54226\omega-0.26992\omega^2 \tag{2-7}$$

$$H=\frac{0.45724R^2T_{\mathrm{c}}^2}{p_{\mathrm{c}}} \tag{2-8}$$

$$J=\frac{0.0778RT_{\rm c}}{p_{\rm c}} \tag{2-9}$$

$$T_{\rm r}=\frac{T}{T_{\rm c}} \tag{2-10}$$

式中，T_c——单组分临界温度(表 2-3)，K；

T_r——对比温度，K；

p_c——单组分临界压力(表 2-3)，MPa；

ω——偏心因子(表 2-3)。

纯组分气体逸度系数的表达式如下：

$$\ln f_{\rm m}=Z-1-\ln(Z-B)-\frac{A}{2\sqrt{2}B}\ln\frac{Z+\left(1+\sqrt{2}\right)B}{Z+\left(1-\sqrt{2}\right)B} \tag{2-11}$$

$$A=\frac{Hp\alpha(T)}{R^2T^2} \tag{2-12}$$

$$B=\frac{Jp}{RT} \tag{2-13}$$

式中，Z——压缩因子。

混合组分气体的逸度系数表达式如下：

$$\ln\left(\frac{f_k}{x_kp}\right)=\frac{J_k}{J}(Z-1)-\ln(Z-B)-\frac{A}{2\sqrt{2}B}\left(\frac{2\sum\limits_i x_iH_{ik}}{H}-\frac{J_k}{J}\right)\ln\frac{Z+\left(1+\sqrt{2}\right)B}{Z+\left(1-\sqrt{2}\right)B} \tag{2-14}$$

$$H=\sum_i\sum_j x_ix_jH_{ij} \tag{2-15}$$

$$J=\sum_j x_iJ_i \tag{2-16}$$

$$H_{ij}=(1-\delta_{ij})H_i^{0.5}H_j^{0.5} \tag{2-17}$$

式中，x_i——组分 i 的摩尔分数；

δ_{ij}——二元交互作用参数。

表 2-3 气体的临界常数和偏心因子[114]

物质种类	临界温度 T_c/K	临界压力 p_c/MPa	临界摩尔体积 V_c/(10^{-6}m^3·mol^{-1})	临界压缩因子 Z_c	偏心因子 ω	摩尔质量 /(g·mol^{-1})
CH_4	190.6	4.600	99.0	0.288	0.008	16.043
CO_2	304.2	7.375	94.0	0.274	0.225	44.010
N_2	126.2	3.390	89.5	0.290	0.040	28.010

用上述纯组分气体逸度方程和表 2-3 中的参数可以计算得到纯组分甲烷气体在不同压力下的逸度值，如图 2-3 所示。可以看出，低压状态下逸度与压力近似

相等，高压下逸度小于压力。0～10MPa范围内温度对逸度影响较小，而10～60MPa范围内，压力一定的情况下，温度越大，逸度越大。

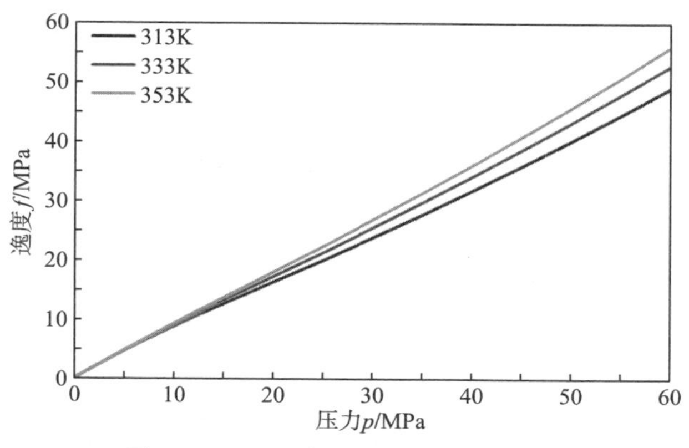

图2-3　不同温度和压力下甲烷的逸度

2. 模拟方案

模拟甲烷在有机质孔隙中的吸附扩散过程，研究不同孔径、不同温度及不同气体组分对甲烷在有机质孔隙中吸附能力的影响，其中孔径设置见表2-2；温度范围为313～353K，间隔20K；气体主要分为纯组分甲烷和二氧化碳，以及甲烷和二氧化碳含量为4∶1、1∶1、1∶4的混合组分气体。除受温度影响外，其余模拟方案中默认温度为333K，压力为0～60MPa，分为13个压力点进行计算。

有机质孔隙的A、B、C方向(孔隙模型的坐标方向)均设置周期性边界条件，并将其视为刚性结构，所有计算均选用适用于有机质模型的COMPASS力场[115]。为获得稳定的SWNT(single-walled nanotube，单壁碳纳米管)及各分子模型，采用Forcite模块下的Smart对初始模型进行几何优化，收敛精度达到Ultra-fine。计算过程首先采用Sorption模块，利用GCMC(grand canonical Monte Carlo，巨正则蒙特卡罗)方法进行恒温定压逐点计算；然后用动力学模块中的Dynamics方法优化模型，模拟中采用NVT系综，即保持体系中原子数N、体积V和温度T恒定不变的系统，用Nose-Hoover恒温热浴保持温度恒定，截断半径分别取6.5Å和12.5Å。时间步长为1fs，平衡步数为1.5×10^6步，生产步数为3×10^6步，范德瓦耳斯力求和法使用Ewald，静电力求和法选择Atom based。

2.1.3　单组分气体吸附

研究甲烷在不同孔径大小的有机质孔隙中，受温度和压力影响时的吸附规律变化。用MS软件进行吸附模拟，达到平衡状态后得到的是被吸附的气体分子数目，单位是 molecular/u.c.，通过式(2-18)可将单位转化为 mmol/m^2[116]：

$$1(\text{molecular/u.c.}) = \frac{1}{N_A} \times 10^3 \div S(\text{mmol/m}^2) \tag{2-18}$$

式中，S——晶胞的表面积，m^2。

分子模拟中，组分 i 在孔内的总气量为

$$n_i = \frac{\langle N_i \rangle}{\langle N_A S \rangle} \times 10^3(\text{mmol/m}^2) \tag{2-19}$$

式中，$\langle N_i \rangle$——孔内组分 i 粒子数的系综平均值。

1. 吸附量

通过对不同温度条件下在 3 种不同孔径的有机质孔隙中甲烷分子的吸附进行模拟，得到不同条件下的甲烷吸附个数，用式(2-18)将其转换为气体吸附量。然后对所得的甲烷吸附量进行分析，得到孔径、温度和压力对甲烷在有机质孔隙中吸附能力的影响。

1) 温压对甲烷在有机质孔隙中吸附能力的影响

由巨正则 Monte Carlo 方法得到在 313K、333K 和 353K 的温度条件下，甲烷在直径为(20，20)的有机质孔隙中的等温吸附曲线。如图 2-4 所示，总体看来，随着压力的增加，甲烷在有机质孔隙中的吸附量增大。低压条件下，甲烷在有机质孔隙中的吸附量随压力的升高先陡增，然后增长趋势渐缓，到 30MPa 时几乎达到饱和。同时，对比不同温度条件下甲烷的等温吸附线可以看出，温度的升高在一定程度上会降低甲烷在有机质孔隙中的吸附量。吸附量随温度的升高而减小，源于分子的热运动随温度升高而更加剧烈，导致动能增加，脱离表面束缚力的概率增大，吸附量降低。使用朗缪尔-弗罗因德利希(Langmuir-Freundlich，L-F)模型对数据进行拟合，该模型公式如式(2-20)所示。拟合参数见表 2-4(表中 R^2 为线性回归的决定系数)，拟合参数显示拟合效果良好。

$$V = \frac{V_L k_b P^s}{1 + (k_b P)^s} \tag{2-20}$$

式中，k_b——结合常数；

s——与温度和孔隙分布有关的模型参数；

P——Langmuir 压力，即平衡压力，MPa；

V——吸附平衡时的吸附量，mol/kg；

V_L——Langmuir 吸附量，mol/kg。

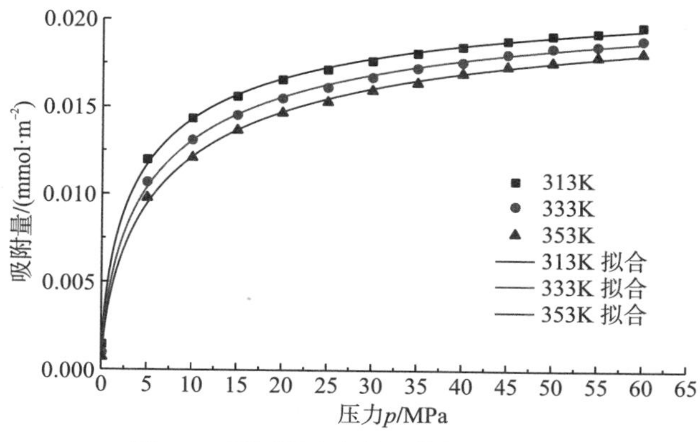

图 2-4　不同温度条件下的等温吸附线

表 2-4　不同温度条件下的甲烷拟合参数

温度	拟合参数			
	V_L	k_b	s	R^2
313K	0.03876	0.2107	0.6653	0.9990
333K	0.04119	0.1547	0.6827	0.9988
353K	0.04197	0.1274	0.6954	0.9987

图 2-5 是孔径(20，20)、温度 333K 条件下甲烷在有机质孔隙中的构型图。观察发现，有机质孔隙中甲烷分子数随压力增加逐渐增多。低压时，甲烷分子主要沿孔隙壁面分布，吸附分层明显；压力大于 10MPa 之后，孔隙中部开始出现较多甲烷分子填充，且高压状态下纳米孔隙中部分甲烷有聚集形成中间吸附层的趋势。

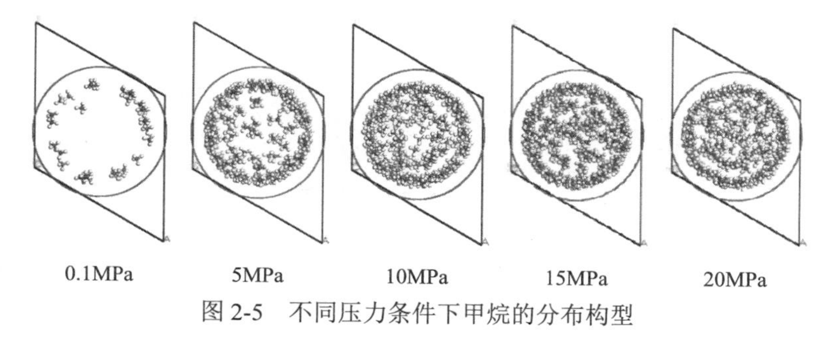

图 2-5　不同压力条件下甲烷的分布构型

2) 孔径对甲烷在有机质孔隙中吸附的影响

图 2-6 和图 2-7 表明，孔径增大会使得甲烷在有机质孔隙中的吸附量增大，近壁面处由于壁面势能作用使得分层明显，(10，10) 孔隙中只有一个单吸附层，而(20，20) 与(30，30) 模型的孔隙中部有气体填充，且有形成第二个吸附分层的趋势，随压力的增大，第二吸附层的分层现象愈加明显。此外，使用 Langmuir-Freundlich 模

型拟合的参数见表 2-5，拟合参数显示拟合效果良好，故后续研究不再进行模型拟合验证。

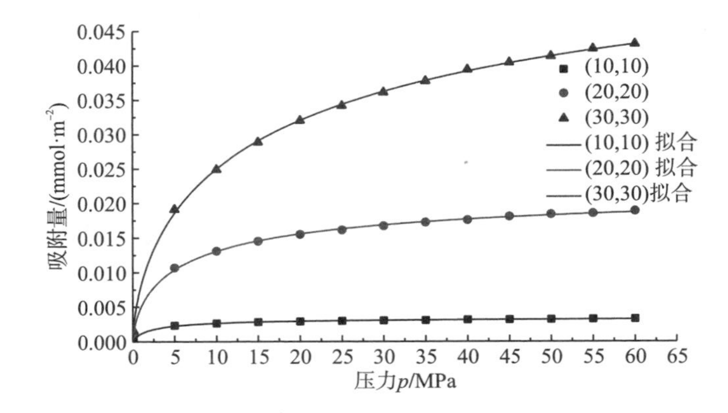

图 2-6　不同孔径条件下的等温吸附线

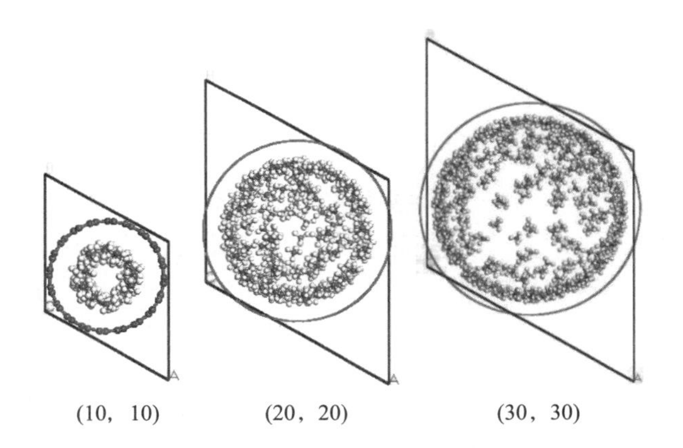

图 2-7　不同孔径条件下甲烷的分布构型(333K/10MPa)

表 2-5　不同孔径条件下的甲烷拟合参数

孔径	拟合参数			
	V_L	k_b	s	R^2
(10，10)	0.00394	0.42509	0.83713	0.99705
(20，20)	0.04119	0.15471	0.68273	0.99876
(30，30)	0.19664	0.04734	0.63832	0.99946

不同条件下纯组分甲烷等温吸附线如图 2-8 所示。可以看出，(10，10)孔径条件下不同温度下的吸附量几乎没有差异；(20，20)条件下存在一定差异，以 30MPa

的压力条件为例，不同温度下的吸附量分别是 0.018mmol/m^2、0.017mmol/m^2、0.016mmol/m^2；(30，30)条件下差异更加明显，同样以 30MPa 为例，不同温度下的吸附量分别是 0.038mmol/m^2、0.036mmol/m^2、0.034mmol/m^2，即有机质孔隙直径越大，温度变化对有机质孔隙中甲烷吸附量的影响越明显。前人的研究未明确提及不同孔径与温度耦合对吸附量产生影响的现象。对气体分子而言，导致该现象的原因可能是壁面与分子间的相互作用除提供排斥力外还提供吸引力使分子处于平衡位置，而温度增加给气体分子提供了挣脱原束缚状况所需的动能，在其他条件相同的情况下，壁面与分子的相互作用越小，温度这个影响因素的作用就越大。而在本章所提及的有机质孔隙中，随着孔径的增大，孔隙中间的气体分子与壁面原子的距离增大，气体与壁面原子间的作用相对减小，与此同时，孔隙中气体分子间的相互作用逐渐增强，综合之下，温度作用愈发明显。

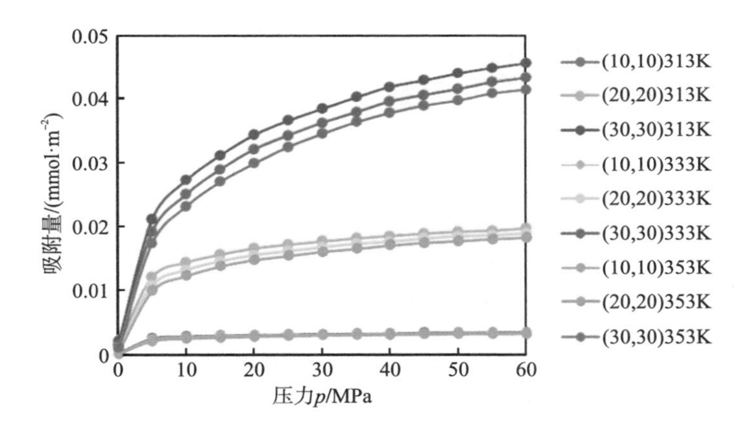

图 2-8　纯组分甲烷的等温吸附线

3) 不同纯组分气体在有机质孔隙中的吸附

由巨正则 Monte Carlo 方法得到 333K 时不同压力下甲烷、二氧化碳和氮气 3 种纯组分气体在 2nm 有机质孔隙中的等温吸附曲线。如图 2-9 所示，在相同的温度和压力条件下，甲烷、二氧化碳和氮气 3 种气体在有机质孔隙中的吸附量变化趋势一致，均随压力的增加而增大。其中，有机质孔隙中吸附量从大到小的顺序是二氧化碳、甲烷、氮气，且二氧化碳最先达到吸附平衡。

图 2-10 和图 2-11 分别是温度为 333K 时二氧化碳和氮气在有机质孔隙中的分布构型，与图 2-5 对比发现，压力升高，有机质孔隙中二氧化碳和氮气的分子数增加，且都在壁面形成明显的吸附层。但压力大于 20MPa 以后，吸附量趋于饱和，再无明显变化。此外，低压状态下的二氧化碳分子出现在孔隙中间部分，说明有机质孔隙中，随压力升高，二氧化碳会比甲烷与氮气先达到吸附平衡。

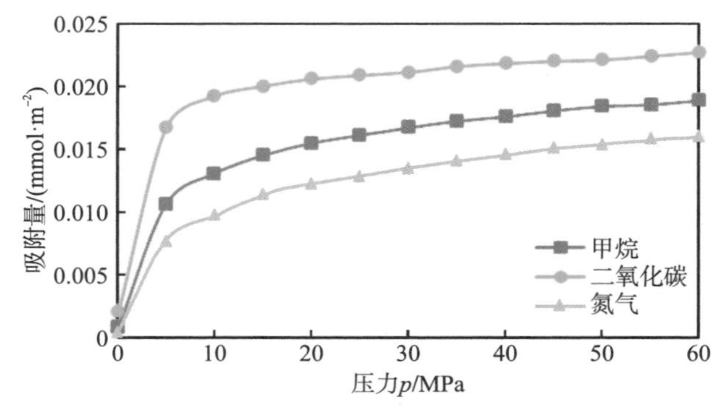

图 2-9 相同条件下不同纯组分气体的等温吸附线

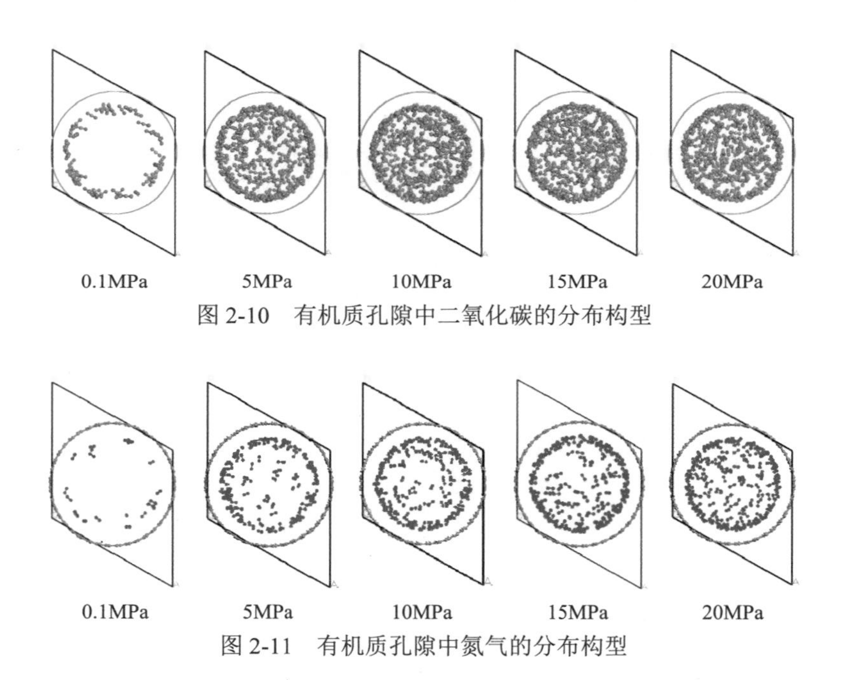

图 2-10 有机质孔隙中二氧化碳的分布构型

图 2-11 有机质孔隙中氮气的分布构型

2. 吸附热

吸附热是指吸附过程产生的热效应。其中，物理吸附的吸附热比化学吸附小，且最大不超过 40kJ/mol[117]。因此，吸附热是判断吸附性质和衡量吸附剂吸附功能强弱的一项重要指标，通常吸附热越大，吸附作用越强。

从表 2-6 可以看出，温度和压力对等量吸附热无明显影响。根据吸附热的数值可判断甲烷在有机质孔隙中属于物理吸附。总体说来，在相同的储层条件下，孔径越大，吸附热越小，这是因为孔径越大，气体分子与壁面原子以及气体分子间的结合能力越弱，能量也就越小。

表 2-6　不同孔径和温度条件下甲烷在有机质孔隙中的等量吸附热　（单位：kJ/mol）

压力/MPa	313K	333K			353K
	（20，20）	（10，10）	（20，20）	（30，30）	（20，20）
0.1	16.790	15.887	16.518	16.121	16.380
5	18.552	18.732	18.209	16.636	18.083
10	18.435	19.113	18.167	16.092	18.033
15	18.456	19.397	18.221	15.820	18.108
20	18.585	19.439	18.318	15.832	18.154
25	18.640	19.548	18.347	15.749	18.167
30	18.686	19.573	18.439	15.828	18.301
35	18.824	19.594	18.493	15.916	18.276
40	18.857	19.707	18.564	16.016	18.410
45	18.924	19.711	18.723	16.113	18.477
50	18.979	19.728	18.824	16.121	18.502
55	19.000	19.795	18.795	16.230	18.564
60	19.083	19.757	18.891	16.272	18.594

2.1.4　单组分气体扩散

通过上节得到甲烷分子在有机质孔隙中的吸附模拟情况后，采用 Forcite 模块进行动力学分析(NVT 系综)。每 1000 时间步输出一次结果，得到的结果根据爱因斯坦(Einstein)方程进一步计算得出扩散系数随压力的变化规律。

在纳米尺度的研究中，无法忽视气体分子和壁面原子间的相互作用，同时还要考虑气体分子间的相互作用，以此计算得到气体分子扩散过程中的均方根位移(MSD)，其定义式为

$$\mathrm{MSD}=\left\langle\left|\vec{r}(t)-\vec{r}(0)\right|^2\right\rangle=\left\langle\Delta r(t)^2\right\rangle=\frac{1}{N}\sum_{i=1}^{N}\Delta r_i(t)^2 \tag{2-21}$$

在模拟过程中，假设一个系统粒子数为 N，要具体统计气体分子扩散系数耗时相对较长，由此便引出了 Einstein 方程，该方程基于均方根位移和时间 t 的关系，得到斜率与分子间扩散系数的关系满足式(2-22)。拟合 MSD 为一条直线，则扩散系数 D 是该直线斜率的 1/6：

$$D=\lim_{t\to\infty}\frac{1}{6Nt}\left\langle\sum_{i=1}^{N}\Delta r_i(t)^2\right\rangle \tag{2-22}$$

1. 扩散系数

通过模拟甲烷在有机质孔隙中的扩散过程，得到甲烷的扩散系数随压力的变化如图 2-12 所示。由图可知，甲烷在有机质孔隙中的扩散系数随压力的增加而逐

渐减小。当压力小于 15MPa 时，甲烷扩散系数迅速减小，随着压力的持续增加，下降趋势变缓。这是因为随着压力的增加，气体浓度逐渐增大，导致气体分子平均自由程减小，所以下降幅度减小。总体看来，甲烷在有机质孔隙中的扩散系数在 2×10^{-8}～$10\times10^{-8}m^2/s$ 范围内变化，与压力呈对数关系。

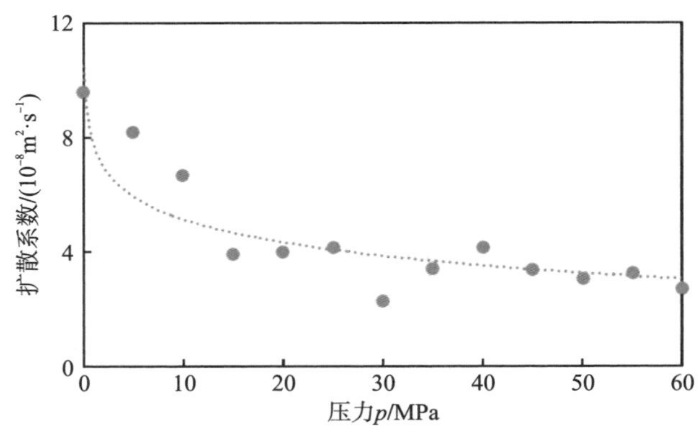

图 2-12　扩散系数随压力的变化趋势

2. 密度分布

模拟过程中，温度设为 333K，选用有机质孔隙中 5MPa、10MPa、20MPa、30MPa 和 40MPa 时的气体密度分布进行分析。

从图 2-13 可以看出，随着压力的增加，吸附量和吸附层数逐渐增多，近壁面处出现明显的吸附分层现象。甲烷的密度分布在近壁面处有两个峰值，位置约在 Z 轴上距壁面 4.17Å 处，且对称吸附位上的峰值不同，证明甲烷分子间的相互作用不可忽略。远离壁面的甲烷分子与壁面原子间的相互作用减弱，此时甲烷分子间的相互作用起主要作用，但随着压力的逐渐升高，还是能看出靠近壁面处有第二吸附层形成的趋势。根据靠近壁面的第一吸附层和第二吸附层间的距离可以判断出吸附层的厚度约为 0.39nm，与甲烷分子的动力学直径(0.38nm)近似相等。

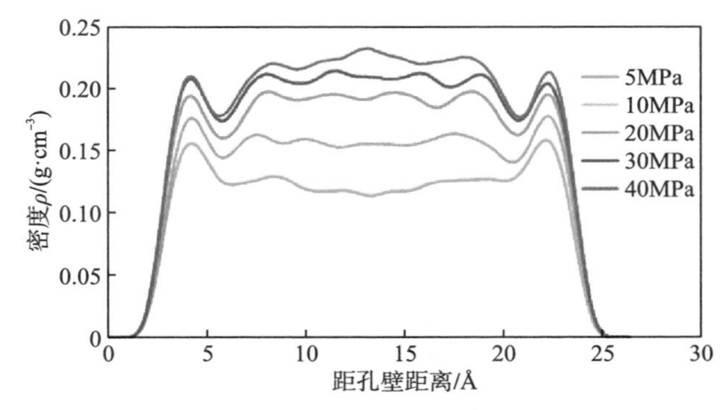

图 2-13　甲烷在有机质孔隙中 Z 轴方向的密度分布图(20，20)

将甲烷在孔径大小为(10, 10)的有机质孔隙中的密度分布(图 2-14)与甲烷在孔径大小为(20, 20)的有机质孔隙中的密度分布(图 2-13)进行比较发现，(10, 10)有机质孔隙模型中甲烷只出现单一吸附分层，这是因为孔径较小，不足以形成多个甲烷吸附分层，而气体分子与壁面原子间的相互作用大又使得分层现象明显。

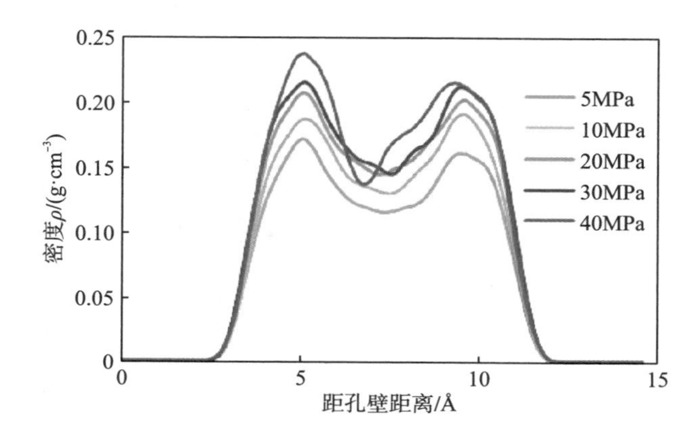

图 2-14　甲烷在有机质孔隙中 Z 轴方向的密度分布图(10，10)

2.1.5　竞争吸附

在页岩气的开采过程中，压裂液会污染储层环境。考虑不同种类的气体具有不同的吸附能力，许多学者据此提出往页岩储层中注入二氧化碳来提高页岩气采收率的方法[118]。本节通过模拟多组分气体的竞争吸附作用，从微观角度解释甲烷和二氧化碳在有机质孔隙中的竞争吸附规律。

1. 吸附量

在 333K 的温度条件下，模拟 3 种不同物质的量比例($n(CH_4)$∶$n(CO_2)$=4∶1、1∶1、1∶4)的甲烷与二氧化碳的混合气体在孔径大小为(20，20)的有机质孔隙中的竞争吸附情况。图 2-15 和表 2-7 展示了不同混合比例气体的等温吸附线和代表性压力点的吸附构型。由图和表可知，两种气体在有机质孔隙中的吸附量均随压力增大而增大，在压力达到 10MPa 前吸附量随压力增大快速增加，压力大于 10MPa 后吸附量上升缓慢，而后二氧化碳先于甲烷达到吸附饱和。当 $n(CH_4)$∶$n(CO_2)$=4∶1 时，同等条件下的甲烷吸附量大于二氧化碳，而当 $n(CH_4)$∶$n(CO_2)$=1∶1 或 $n(CH_4)$∶$n(CO_2)$=1∶4 时，经比较可知二氧化碳的吸附量大于甲烷。此外，混合气体中二氧化碳占比越大，二氧化碳占据的吸附位越多，则有机质孔隙中甲烷的吸附量越少，即在模拟比例范围内，混合气体比例为 $n(CH_4)$ ∶ $n(CO_2)$=1∶4 时甲烷的吸附量最小，说明二氧化碳含量越多，对甲烷气体的置换效果越好，也越利于二氧化碳的大量封存。

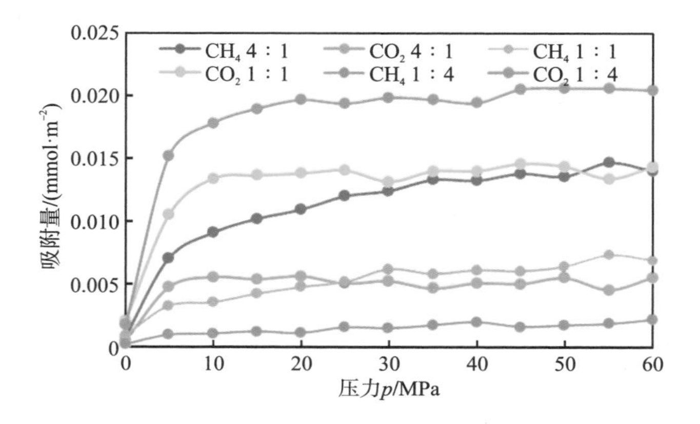

图 2-15 CH_4/CO_2 混合气体在不同混合比例下的吸附量

表 2-7 CH_4/CO_2 混合气体在不同混合比例下的吸附构型

物质的量比例	0.1MPa	5MPa	10MPa	20MPa	50MPa
$n(CH_4)$∶$n(CO_2)$ =4∶1					
$n(CH_4)$∶$n(CO_2)$ =1∶1					
$n(CH_4)$∶$n(CO_2)$ =1∶4					

由图 2-16 和表 2-8 可知，有机质孔隙直径越大，气体吸附量越大，且在孔径为(10，10)的有机质孔隙中，混合气体仅形成一个单吸附层，不存在游离气体，此时二氧化碳的置换效果不明显；当孔径为(20，20)时，二氧化碳在壁面优先形

成吸附层，当混合气体中二氧化碳占比低于甲烷时，由于二氧化碳含量太少，壁面吸附层仍有大量甲烷存在，因而暂不考虑 $n(CH_4)$：$n(CO_2)$=4：1 的情况。

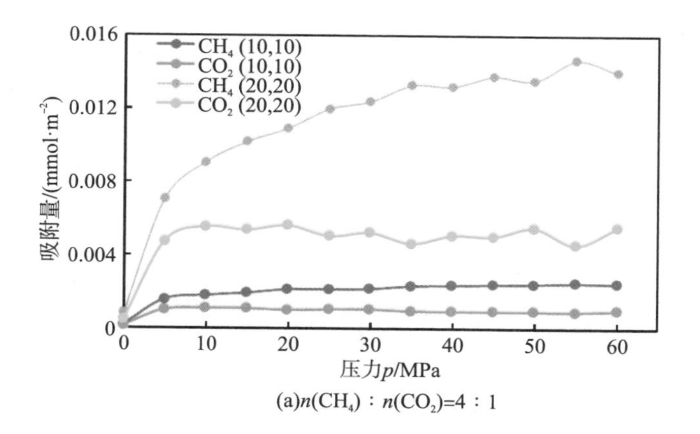

(a)$n(CH_4)$：$n(CO_2)$=4：1

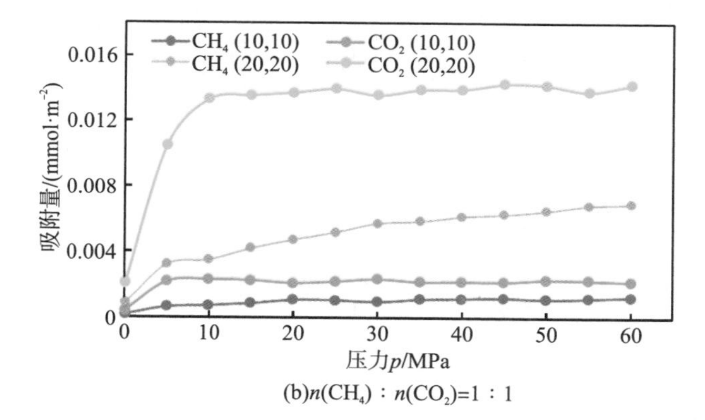

(b)$n(CH_4)$：$n(CO_2)$=1：1

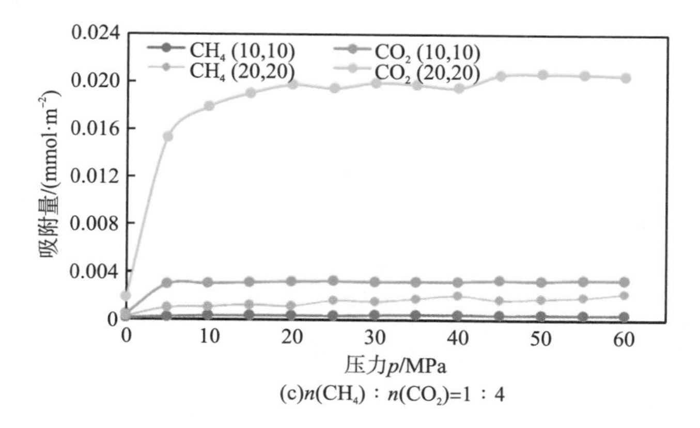

(c)$n(CH_4)$：$n(CO_2)$=1：4

图 2-16 CH_4/CO_2 混合气体在不同孔径下的吸附量

表 2-8　CH_4/CO_2 混合气体在不同孔径下的吸附构型(20MPa)

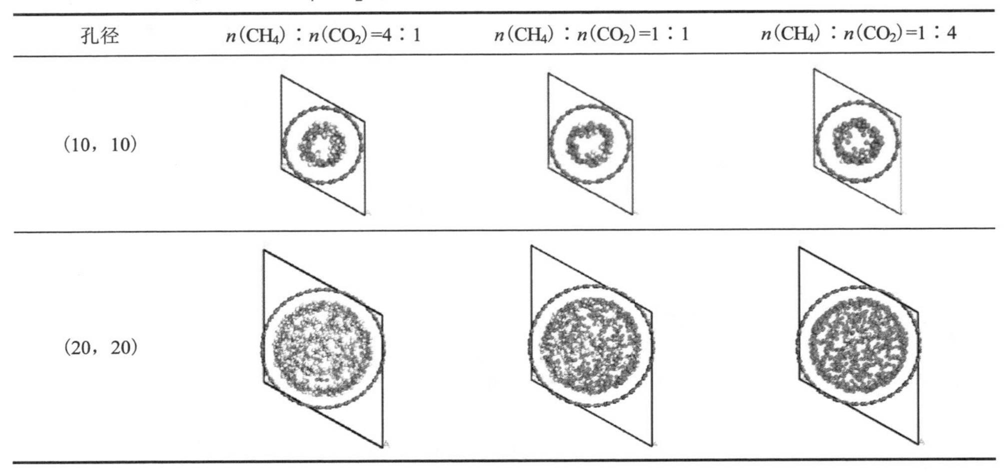

孔径	$n(CH_4):n(CO_2)=4:1$	$n(CH_4):n(CO_2)=1:1$	$n(CH_4):n(CO_2)=1:4$
(10，10)			
(20，20)			

温度对混合气体吸附量的影响以甲烷和二氧化碳混合比例为 1∶1 情况下在孔径为(20，20)的有机质孔隙中的吸附量和吸附构型为例进行分析。由图 2-17 和表 2-9 可知，温度变化对混合气体的吸附量影响不大，总体来说，气体吸附量随温度变化符合纯组分气体吸附量随温度变化的规律，即温度越高，吸附量越小。

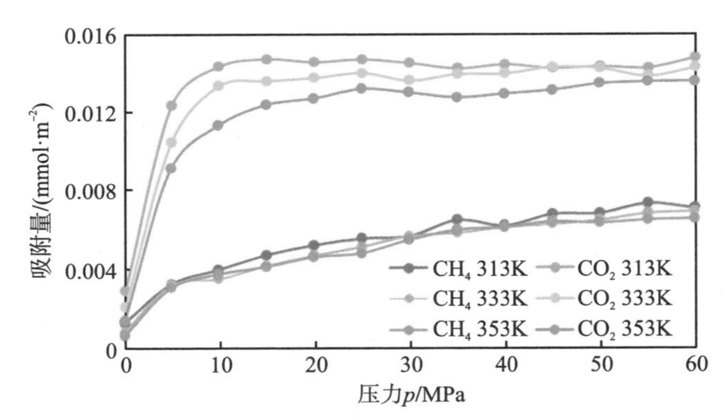

图 2-17　混合气体在不同温度条件下的吸附量[$n(CH_4):n(CO_2)=1:1$]

表 2-9　混合气体在不同温度条件下的吸附构型(40MPa)

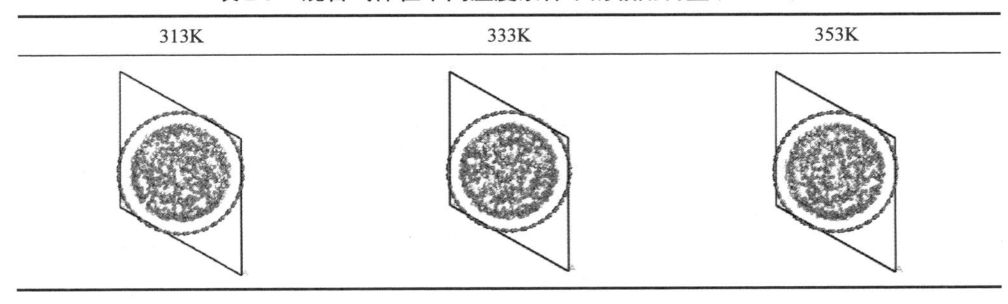

313K	333K	353K

2. 吸附热

不同比例甲烷和二氧化碳混合气体在有机质孔隙模型中竞争吸附所产生的吸附热见表 2-10。该表罗列出了温度为 333K 时，甲烷和二氧化碳按不同比例物质的量浓度混合后在孔径为(20，20)的有机质孔隙中的等量吸附热随压力的变化情况。从表中数值的大小可以看出，两种气体在有机质孔隙中均为物理吸附，其中二氧化碳的等量吸附热大于甲烷，且压力对两种气体的等量吸附热影响不大。

表 2-10　不同比例甲烷/二氧化碳混合气体的等量吸附热　（单位：kJ/mol）

压力/MPa	$n(CH_4)$：$n(CO_2)$=4：1		$n(CH_4)$：$n(CO_2)$=1：1		$n(CH_4)$：$n(CO_2)$=1：4	
	CH_4	CO_2	CH_4	CO_2	CH_4	CO_2
0.1	16.577	19.732	17.096	20.933	16.782	20.476
5	17.874	23.807	17.489	25.342	17.414	26.409
10	17.891	23.719	17.221	26.322	17.979	27.267
15	17.949	24.096	17.590	26.280	18.401	27.991
20	17.958	24.548	17.870	26.388	17.046	28.393
25	18.221	23.928	18.347	26.610	18.924	28.066
30	18.251	24.104	18.824	26.125	18.414	28.539
35	18.539	23.531	18.439	26.686	18.661	28.363
40	18.439	23.895	18.447	26.857	18.966	28.179
45	18.535	24.137	18.723	27.062	18.845	28.957
50	18.405	24.962	18.669	27.083	19.589	28.865
55	18.656	23.849	19.117	26.493	19.297	28.840
60	18.602	24.840	18.924	27.041	20.213	29.079

3. 吸附效果对比

竞争吸附效果如何，还需要将混合比例为 $n(CH_4)$：$n(CO_2)$=1：4 时的混合气体在孔径为(20，20)的有机质孔隙中得到的吸附量与单一纯组分气体在温度为 333K 条件下的吸附量进行对比，等温吸附曲线如图 2-18 所示。可以看出，在有机质孔隙中，混合气体中甲烷的吸附量远低于同等条件下纯组分甲烷的吸附量，而二氧化碳的吸附量与纯组分二氧化碳吸附量相比略有下降。以上现象表明，在有机质孔隙中注入二氧化碳后，甲烷的吸附量大幅度下降，这是因为二氧化碳的吸附能力强于甲烷，占据了大量吸附位，将位于吸附层的甲烷替换出来。同时，混合气体中二氧化碳吸附量和纯组分二氧化碳吸附量差异不大，说明开采后期持续注入二氧化碳不会对已储存在有机质孔隙中的二氧化碳产生较大的影响，即二氧化碳依旧能良好地赋存于储层有机质中，在驱替甲烷的同时达到二氧化碳封存的目的。

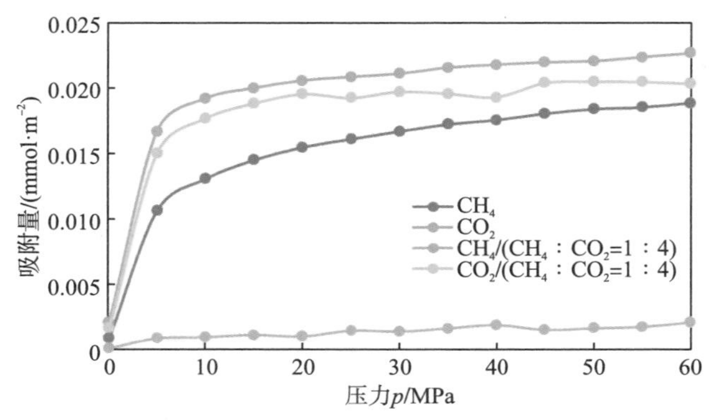

图 2-18 混合气体与纯组分气体吸附的等温吸附曲线

2.2 混合组分骨架模型吸附扩散模拟

页岩基质中纳米孔隙占比较大，这些孔隙大多与页岩的成分和各组分的含量有关[119]。此外，游离气通常包含在页岩基质的一些相对较大的孔隙中，而吸附气则主要吸附在有机质和无机矿物表面。为了应对这个复杂的问题，在进行研究时有必要对复杂的页岩基质结构进行适当的简化，以了解页岩气在基质中的一些基础吸附扩散行为。在文献中目前大致存在两种解决这一问题的方法：一种是假设富黏土矿物的页岩为以蒙脱石为主的简单晶体结构[120]，这一方法的不足之处在于该模型没有涵盖页岩中的有机质，事实上，有机质对页岩气的吸附存在不可忽视的影响；另一种方法是将复杂的页岩基质看作不含任何无机矿物的纯组分石墨孔隙模型[121]，但事实上，从前文的研究可以看出，虽然无机矿物中页岩气的吸附量较小，但在实际储层环境中无机矿物的影响依然存在。因此，需要建立一个涵盖有机质和无机矿物的分子页岩模型，用以对甲烷在页岩储层中的吸附扩散机理进行研究。

本节提出了一个包含无机矿物和有机质的较为复杂的页岩骨架模型(该模型中有机质和无机矿物含量来源于矿物组分实验数据)，并通过分子模拟方法来探索不同因素对页岩气在页岩中的吸附扩散机理的影响。

2.2.1 模型建立

通常认为多环芳烃是页岩储层中有机质的主要成分，因此页岩骨架模型中选用甲基萘(Methylnaphthalene)作为有机质的代表[122]。另外，用页岩无机矿物中含量最高的石英构建一个骨架狭缝。通过分子动力学方法对混合模型进行几何优化与动力学计算，得到一个有机质与无机矿物混合的稳定的页岩骨架模型，如图 2-19 所示。

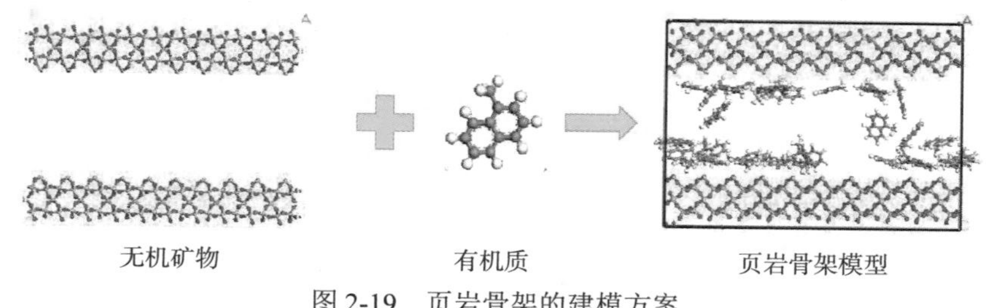

图 2-19　页岩骨架的建模方案

建模时，首先建立一个尺寸为 a=49.13Å、b=54.05Å、c=38.82Å 的晶体盒子作为模拟系统，孔隙宽度为 2nm(以石英内部边界为准)。该晶体盒子中包括两个对称的石英片层和混合在石英狭缝空间中的有机质部分，由上文可知，石英在该模型中被看作是页岩中无机矿物的代表。甲基萘分子作为有机质的代表被吸附在两个石英片层构建的狭缝空间中，本章所说的孔径是指石英狭缝宽度。模拟时通过固定所有原子将包含有机质和无机矿物的页岩骨架模型视作刚性材料。

2.2.2　参数设置

模拟甲烷在混合骨架中的吸附扩散过程，研究不同孔径、不同温度对甲烷在混合骨架中吸附量的影响，其中孔隙宽度(以石英片层内表面为准)分别设置为 2nm 和 3nm。由于该混合骨架模型同时包含有机质(甲基萘)和无机矿物(石英)，且两者均与甲烷气体的吸附存在相互作用，因此在模拟计算过程中选择 Drieding 力场。混合骨架的 A、B、C 方向均设置周期性边界条件，并将其视为刚性结构。为获得稳定的混合骨架模型，采用 Forcite 模块下的 Smart 对初始模型进行几何优化，收敛精度为 Ultra-fine。模拟计算过程首先采用 Sorption 模块，利用 GCMC 方法进行恒温定压逐点计算；然后用 Forcite 模块中的 Dynamics 方法对模型进行动力学优化，优化参数设置与上述模型一致。

2.2.3　气体的吸附模拟

1. 吸附量

1) 温压对甲烷在混合骨架中吸附的影响

模拟甲烷气体在孔隙宽度为 2nm 的混合骨架中的吸附量，分别将温度条件设置为 313K、333K、353K。图 2-20 为甲烷在不同温度条件下的吸附等温线。由图可知，使用 Langmuir-Freundlich 模型对数据进行拟合(拟合参数见表 2-11)，拟合效果良好。随着压力的增大，甲烷在混合骨架中的吸附量增加，当压力小于 20MPa 时，吸附量增长速度较快，但增速在逐渐减慢；当压力大于 20MPa 时，吸附量增长速度非常慢，并逐渐趋于 0，即甲烷达到饱和。甲烷吸附量随温度的升高而减小。

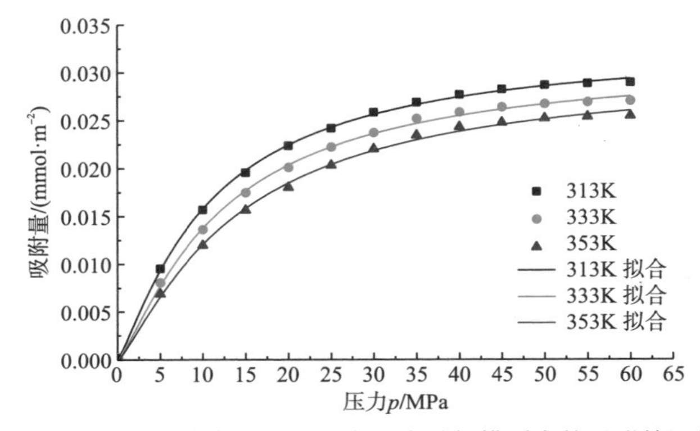

图 2-20　不同温度条件下甲烷在混合骨架模型中的吸附等温线

表 2-11　不同温度下的拟合参数

温度/K	拟合参数			
	V_L	k_b	s	R^2
313	0.01988	0.0933	1.21351	0.99933
333	0.01703	0.08313	1.24494	0.99864
353	0.01606	0.07229	1.24212	0.99804

如图 2-21 所示，在相同的温度条件下，随压力增加，甲烷气体分子先集中吸附于有机质表面，而后沿孔隙继续吸附。通过观察可以发现，孔隙模型靠近壁面处率先达到吸附饱和，而后甲烷分子继续在有机质周围空白处填充，直至整体趋近于饱和。这当中，有机质附近出现明显的甲烷分子聚集现象。

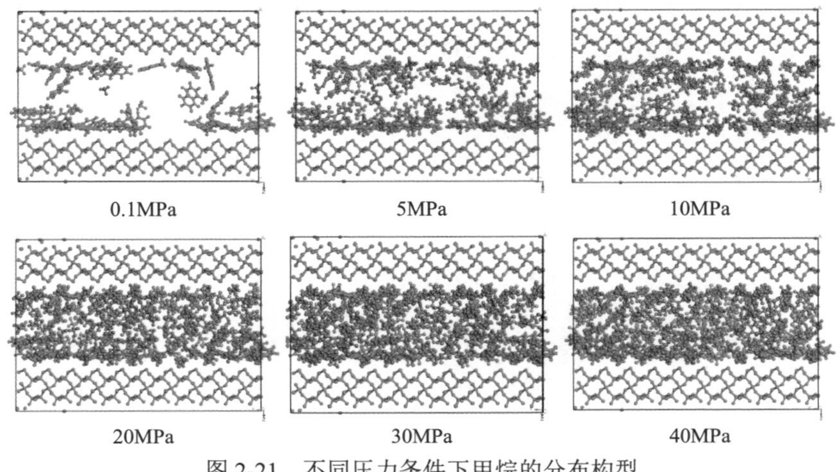

图 2-21　不同压力条件下甲烷的分布构型

2) 孔径对甲烷在混合骨架中吸附的影响

进一步研究温度为 333K 时，不同孔径大小对甲烷在混合骨架中吸附能力的影响。观察图 2-22 可以发现，低压(0.1～5MPa)时吸附量基本一致，表明不同孔径模型吸附甲烷时均吸附在相同吸附位，此时孔径大小影响较小，随着压力增加，孔径越大，甲烷吸附量越大，且随着压力的增大，孔径变化对吸附量的影响增大。其中，孔隙宽度为 2nm 的模型中甲烷吸附量在压力小于 20MPa 时随压力的增加快速上升，随后上升趋势减缓，并于压力增加到 40MPa 后率先趋于饱和。进一步，从图 2-23 中观察发现，3nm 混合骨架模型中，由于孔径更大，甲烷吸附现象规律更加明显。以上说明有机质对甲烷的吸附能力强于无机矿物。

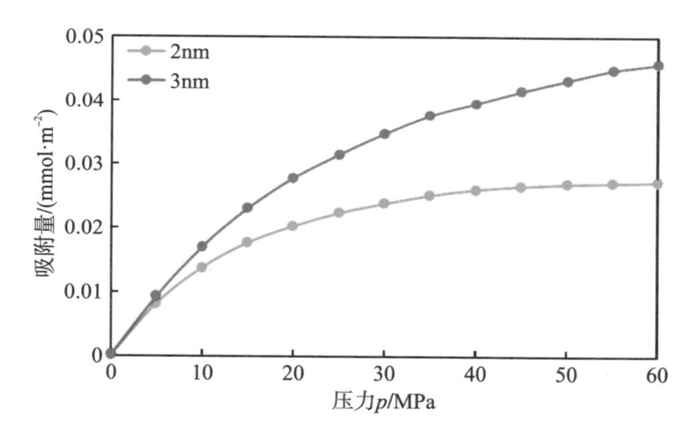

图 2-22　不同孔径条件下甲烷的等温吸附线

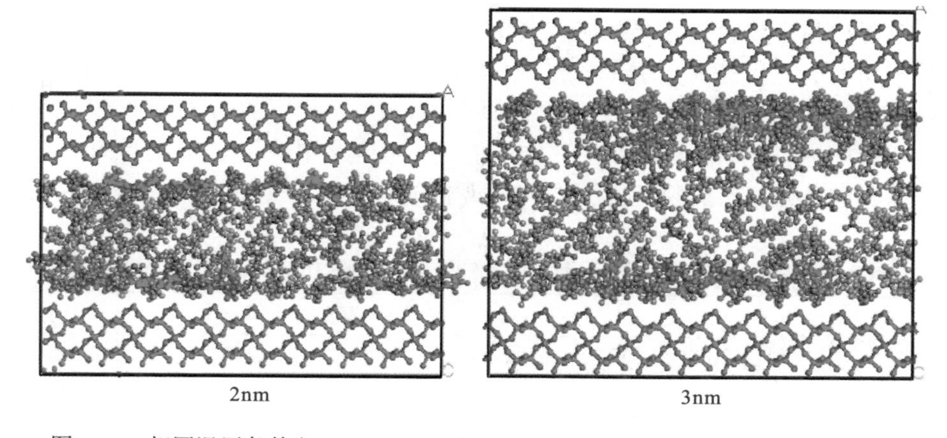

图 2-23　相同温压条件(333K/20MPa)下不同孔径混合骨架模型中甲烷的分布构型

另外，相同温度(333K)条件下，甲烷在混合骨架中的吸附情况与同等条件下甲烷在有机质孔隙和石英狭缝中的吸附量对比如图 2-24 所示。总体看来，当甲烷吸附量趋于饱和之后，3 种模型的吸附能力由大到小依次为混合骨架＞有机质孔隙＞石英狭缝。特别是，低压下混合骨架中的吸附量主要由有机质贡献。这可能是因为在较低压条件下，有机质孔隙模型中甲烷相比而言较快速地达到吸附饱和，但有机质孔隙模型中的吸附位数量远低于混合骨架，因而最终依然是混合骨架模型中甲烷吸附量最高。同时，通过对比可以进一步得出结论，有机质吸附能力大于无机矿物，且模型中所包含的矿物组分越丰富，有机质吸附能力越接近真实实验值，再次验证了本章吸附模型的合理性。

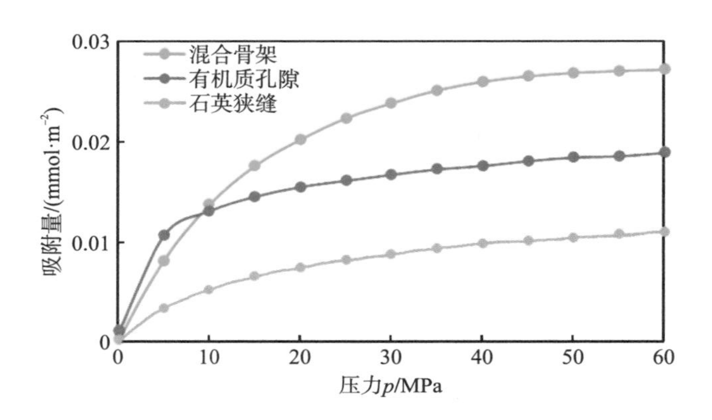

图 2-24 不同吸附模型中甲烷的吸附等温线

2. 吸附热

表2-12展示了甲烷在不同储层条件下在孔隙宽度不同的混合骨架中的等量吸附热随压力的变化情况。可以看出，相同模型中的吸附热随着温度的增加而减小，影响较小。总体来说，吸附热随压力的增大而增加。相同的储层条件下孔隙宽度越大，吸附热越小。且根据吸附热的数值大小可判断甲烷在混合骨架中的吸附类型与有机质孔隙和石英狭缝中相同，均属于物理吸附。

表 2-12 甲烷在不同孔隙宽度和温度条件下混合骨架中的等量吸附热 (单位：kJ/mol)

压力/MPa	温度和孔隙宽度			
	313K，2nm	333K，2nm	333K，3nm	353K，2nm
0.1	8.238	8.155	6.862	8.075
5	9.506	9.280	7.531	9.088
10	10.502	10.180	8.284	9.887
15	11.196	10.857	8.878	10.548

续表

压力/MPa	温度和孔隙宽度			
	313K，2nm	333K，2nm	333K，3nm	353K，2nm
20	11.724	11.314	9.364	11.314
25	12.062	11.728	9.799	11.397
30	12.393	12.008	10.201	11.719
35	12.602	12.314	10.573	12.012
40	12.799	12.544	10.832	12.380
45	12.966	12.749	11.092	12.535
50	13.100	12.883	11.314	12.686
55	13.213	12.975	11.527	12.790
60	13.276	13.092	11.627	12.837

2.2.4　气体的扩散模拟

1. 扩散系数

通过模拟纯组分甲烷在混合骨架中的扩散过程，得到甲烷的扩散系数随压力的变化如图 2-25 所示。由图可知，在混合骨架中，纯组分甲烷的扩散系数随压力的增加而逐渐减小。压力小于 10MPa 时，扩散系数快速下降，压力持续增加，扩散系数下降趋缓。整个压力范围内，甲烷在混合骨架中的扩散系数与压力呈对数关系，与纯组分骨架中甲烷的扩散系数变化趋势一致。

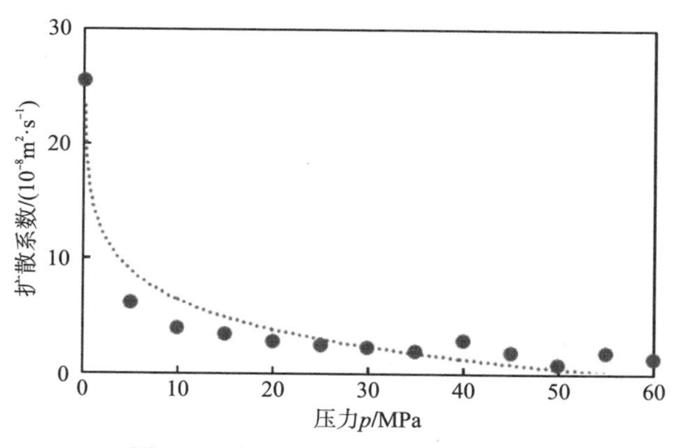

图 2-25　扩散系数随压力的变化趋势

2. 径向分布

在所构建的吸附模型孔隙表面，作用势主要由表层硅原子提供，因此流体分子与孔隙壁面之间的相互作用力可以利用各流体分子与孔隙壁面硅原子之间的径向分布函数进行评价，进而各流体分子的扩散系数变化规律也可得到预测与解释。

由于吸附质流体为简单的一元组分，因而径向分布函数(radical distribution function，RDF)的峰值点较为明显。从图 2-26 可以看出，在相同位置上，随着压力的增加，甲烷分层现象越发明显，但 RDF 值波动不明显，由此可知甲烷与孔隙壁面硅原子之间的相互作用是随距离增加而逐渐减弱的。图 2-27 是混合骨架有机质与甲烷的径向分布函数曲线。由图可知，在相同位置上，RDF 的峰值随着地层压力的增加在逐渐减小，因此甲烷与有机质之间的相互作用也随地层压力的增加逐渐减弱。

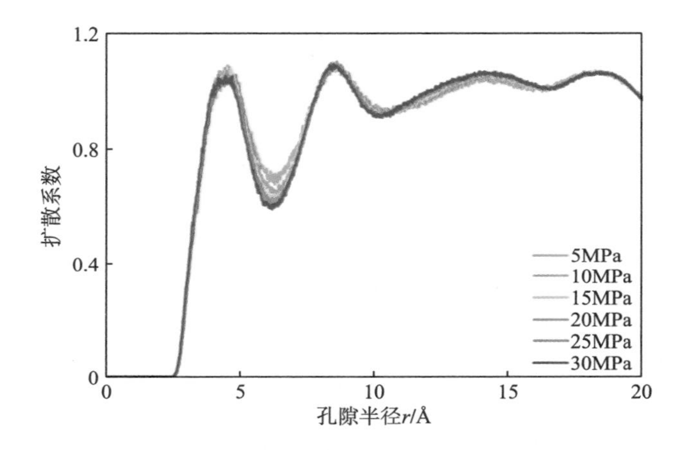

图 2-26 混合骨架孔隙壁面中硅原子与甲烷的径向分布函数

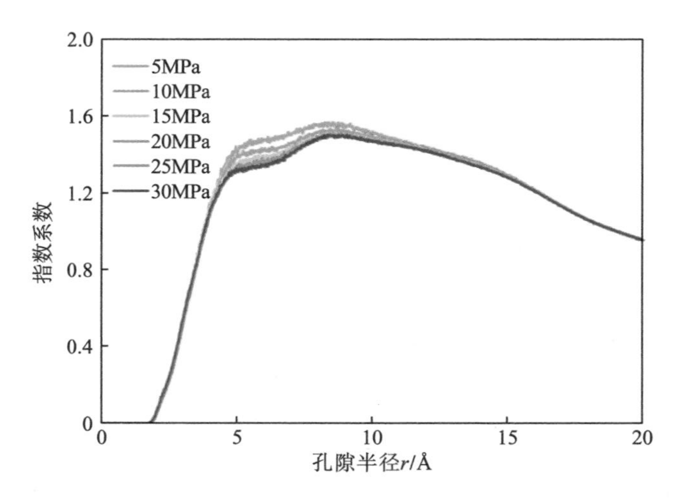

图 2-27 混合骨架有机质与甲烷的径向分布函数曲线

2.3 本章小结

通过对不同温度、压力、孔径和气体组分条件下页岩气在有机质孔隙模型中的吸附扩散模拟情况进行分析，建立由石英和有机质共同组成的混合骨架模型来研究甲烷气体在混合骨架中的吸附扩散情况，得出以下结论：

(1)纯组分甲烷在有机质孔隙中吸附量随压力的增加而增大，随温度的升高而减小。孔径增大，甲烷在有机质孔隙中的吸附量也会增大。此外，孔径越大，温度变化对有机质孔隙中甲烷吸附量的影响越明显。随压力的增加，甲烷在近壁面处吸附分层现象明显。且随压力的增加，甲烷在有机质孔隙中的扩散系数呈下降趋势。

(2)相同温压条件下，甲烷、二氧化碳和氮气3种气体在有机质孔隙中均属于物理吸附，吸附量均随压力的增加而增大。

(3)向有机质孔隙中注入二氧化碳，一方面，混合气体中甲烷的吸附量远低于同等条件下纯组分甲烷的吸附量，说明二氧化碳置换效果良好；另一方面，混合气体中二氧化碳吸附量和纯组分二氧化碳吸附量相比仅是略有下降，说明开采后期持续注入二氧化碳不会对已储存在有机质孔隙中的二氧化碳产生较大的影响，即二氧化碳依旧能良好地赋存于储层有机质中。

(4)甲烷在混合骨架中的吸附量随着压力的增加而增大，随温度的升高而减小。在相同的温度条件下，随着压力的增加，甲烷气体分子优先在有机质表面吸附，而后沿孔隙吸附规律继续吸附。孔径越大，甲烷吸附量越大，且随着压力的增大，孔径变化对吸附量的影响增大。

(5)温度对甲烷在混合骨架中吸附时所产生的等量吸附热无明显影响。总体来说，吸附热随压力的增加而增加。相同的储层条件下孔径越大，吸附热越小。根据吸附热的数值大小可判断甲烷在混合骨架中的吸附类型与有机质孔隙和石英狭缝中相同，均属于物理吸附。

(6)混合骨架中，纯组分甲烷的扩散系数随压力的增加而逐渐减小。压力小于10MPa时，扩散系数快速下降，压力持续增加，扩散系数下降趋缓。甲烷分子与孔隙壁面硅原子和有机质分子之间的相互作用随距离和地层压力的增加而逐渐减弱，且与硅原子相比，有机质的势能作用更强。

第 3 章　页岩岩心双重介质渗流数学模型研究

3.1　页岩岩心双重介质渗透率模型

3.1.1　双重孔隙介质模型及假设

为了分析页岩气渗流场与应力场的耦合关系，需要建立合适的模型描述页岩的结构特征。目前常用的是 Warren-Root 模型[123]，如图 3-1 所示。此模型为正交裂隙切割基质呈六面体的地质模型，裂隙方向与主渗透率方向一致。设定基质和裂隙同时是流体的储存空间，具有不同的孔隙率，但是基质的渗透率相对裂隙系统可以忽略，只有裂隙中的流体发生流动。

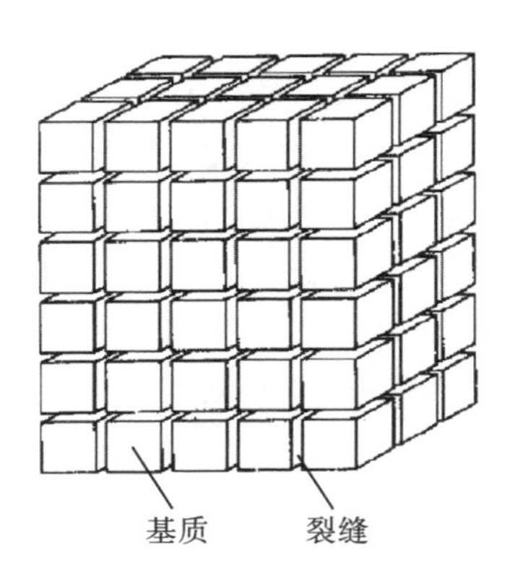

图 3-1　Warren-Root 模型示意图[123]

本章采用的双重介质模型是将页岩储层看作基质与裂隙两个渗流系统，两者在空间上是相互重叠的，并有如下假设：

(1)裂隙岩体分为基质岩体与裂缝系统两部分，但在空间位置上重叠。

(2)基质岩体和裂缝系统有各自的流动方程。

(3)游离态气体同时存在于基质和裂隙系统中，但是吸附气仅存在于基质中，并认为解吸过程是瞬间完成；基质和裂隙之间的流体交换为拟稳态流动，即与时间无直接关系。

(4) 基质和裂隙系统分别具有不同的孔隙率和渗透率，同时受应力状态影响。

(5) 模型为等温状态，单元内流体为单一组分饱和态气体。

3.1.2　基质孔隙度和渗透率模型

根据 Bear 的定义，可以把多孔介质认为是连续介质，把孔隙度定义为一个连续函数，模型中的单元尺寸要大于一个包括足够多孔隙的表征单元体 REV，才能把多孔介质作为连续介质处理[124]。而针对多孔介质力学特性，Liu 等基于胡克定律提出一种 TPHM 模型[125]，如图 3-2 所示，将在静水压力下的均质岩体划分为两部分：一部分由岩体孔隙组成，其体积与应力呈指数关系，相对较软；另一部分由岩体骨架组成，其体积与应力呈线性关系，相对较硬。孔隙和骨架都符合胡克定律，即应力应变为线性关系。

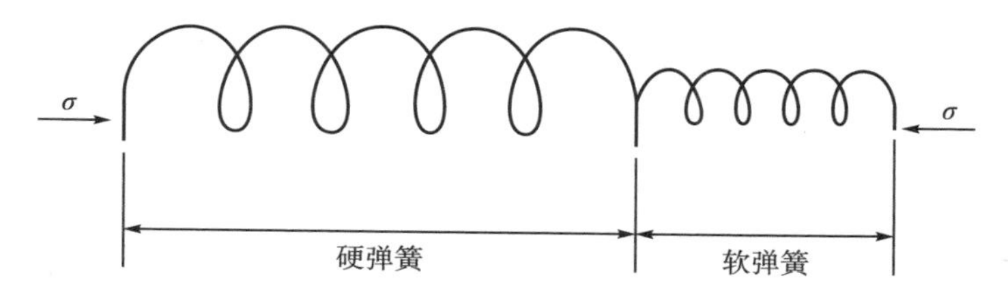

图 3-2　弹簧系统模型[125]

基于这个假定，应力状态下的基质体积变化可由两部分组成，即

$$dV = dV_e + dV_t \tag{3-1}$$

式中，e、t ——基质的骨架部分和孔隙部分。

则无应力状态下的基质体积为

$$V_0 = V_{0,e} + V_{0,t} \tag{3-2}$$

式中，0 ——无应力情况。

将 V_t 考虑为孔隙体积的一部分，则应力状态下的孔隙体积可表示为

$$V^{po} = V_e^{po} + V_t \tag{3-3}$$

式中，po ——孔隙。

则无应力状态下的孔隙体积为

$$V_0^{po} = V_{0,e}^{po} + V_{0,t} \tag{3-4}$$

根据胡克定律，基质孔隙部分的体积应变 $d\varepsilon_{v,t}$ 和骨架部分的体积应变 $d\varepsilon_{v,e}$ 可分别表示为

$$d\varepsilon_{v,t} = -\frac{dV}{V} \tag{3-5}$$

$$d\varepsilon_{v,e} = -\frac{dV}{V_0} \tag{3-6}$$

由于应力为零时，$V = V_0$，对方程(3-5)和方程(3-6)分别积分可得到：

$$V_t = V_{0,t}\exp\left(-\frac{\sigma}{K_t}\right) \tag{3-7}$$

$$V_e = V_{0,e}\left(1-\frac{\sigma}{K_e}\right) \tag{3-8}$$

式中，K——体积模量；

σ——总应力。

将方程(3-7)和方程(3-8)代入方程(3-1)中，得到：

$$-\frac{dV}{V_0} = \gamma_e\frac{d\sigma}{K_e} + \gamma_t\exp\left(-\frac{\sigma}{K_t}\right)\frac{d\sigma}{K_t} \tag{3-9}$$

基质中的孔隙部分体积占比：

$$\gamma_t = \frac{V_{0,t}}{V_0} \tag{3-10}$$

骨架部分体积占比：

$$\gamma_e = 1-\gamma_t \tag{3-11}$$

孔隙总体积包括连通的孔隙体积和骨架中的闭合孔隙体积，对方程(3-7)求导可得连通的孔隙体积：

$$dV_t = -\frac{V_{0,t}}{K_t}\exp\left(-\frac{\sigma}{K_t}\right)d\sigma \tag{3-12}$$

对骨架中的孔隙体积求导可得

$$dV_e^{po} = -C_e V_{0,e}^{po} d\sigma \tag{3-13}$$

式中，C_e——孔隙总体积中闭合孔隙部分的压缩系数。

基质孔隙度可表示为

$$d\varphi_m = \frac{dV^{po}}{V} = \frac{dV_e^{po} + dV_t}{V} \tag{3-14}$$

式中，φ_m——基质孔隙度。

将方程(3-12)和方程(3-13)代入方程(3-14)中，得到：

$$d\varphi_m = -\varphi_e C_e d\sigma - \frac{\gamma_t}{K_t}\exp\left(-\frac{\sigma}{K_t}\right)d\sigma \tag{3-15}$$

式中，

$$\varphi_e = \varphi_0 - \gamma_t \tag{3-16}$$

$$\varphi_0 = \frac{V_0^{\mathrm{po}}}{V_0} \tag{3-17}$$

当应力为零时，$\varphi_{\mathrm{m}} = \varphi_0$，则对方程(3-15)积分可得基质在考虑应力下的孔隙度：

$$\varphi_{\mathrm{m}} = \varphi_{\mathrm{e}}\left(1 - C_{\mathrm{e}}\sigma\right) + \gamma_{\mathrm{t}} \exp\left(-\frac{\sigma}{K_{\mathrm{t}}}\right) \tag{3-18}$$

气体的吸附可采用朗缪尔等温吸附方程表示，假设气体为单分子层吸附，则吸附层厚度 h 可由下式计算[126]：

$$h = \frac{2.04 V_{\mathrm{m}} f}{S\left(p_{\mathrm{L}} + p\right)} \times 10^6 \tag{3-19}$$

有效孔隙半径为

$$r_{\mathrm{e}} = r - h \tag{3-20}$$

式中，r ——基质平均孔隙半径。

在页岩气开采过程中，由于气体不断采出，吸附在基质孔隙表面的气体发生解吸，孔隙压力下降，造成基质收缩，进而降低渗透率，即产生应力敏感。应力敏感作用可用渗透率模量 α 表示：

$$\alpha = -\frac{1}{k}\frac{\mathrm{d}k}{\mathrm{d}\sigma} \tag{3-21}$$

式中，k ——渗透率。

对于双重孔隙度模型，对基质渗透率求导得

$$\mathrm{d}k = \frac{r_{\mathrm{e}}^2}{8}\frac{\mathrm{d}\varphi_{\mathrm{m}}}{\mathrm{d}\sigma}\mathrm{d}\sigma \tag{3-22}$$

联立方程(3-15)和方程(3-21)并代入方程(3-22)得到考虑基质变形、气体吸附解吸和应力敏感作用的基质渗透率：

$$k_1 = \frac{\left(r-h\right)^2}{8\alpha}\left[\varphi_{\mathrm{e}} C_{\mathrm{e}} + \frac{\gamma_{\mathrm{t}}}{K_{\mathrm{t}}}\exp\left(-\frac{\sigma}{K_{\mathrm{t}}}\right)\right] \tag{3-23}$$

此外，页岩储层基质孔隙尺寸在纳米级范围内，且 4～200nm 为主要流动路径，即通常气体流动需考虑过渡扩散的影响，且含有滑脱流。由于页岩渗透率计算时，如按照克努森扩散处理，则表观渗透率会明显偏大，而按过渡扩散处理则与实际表观渗透率较接近[127]。故本章渗透率模型将扩散形式考虑为过渡扩散。过渡扩散包含 Fick 扩散和 Knudsen 扩散，即两种扩散同时存在。单一过渡扩散渗透率可表示为

$$k_{\mathrm{t}} = \left[\frac{6\pi r_{\mathrm{A}}}{k_{\mathrm{B}} T} + \frac{3}{4\mu\left(r-h\right)}\sqrt{\frac{\pi M}{2RT}}\right]^{-1}\frac{\varphi}{p} \tag{3-24}$$

式中，r_{A} ——气体分子半径，1.9×10^{-10}m；

M——摩尔质量，0.016kg/mol；

μ ——黏度，1.8×10^{-11}MPa·s；

p ——孔隙压力，MPa；

k_{B} ——玻尔兹曼(Boltzmann)常数，1.380649×10^{-23}J/K；

R ——气体常数，8.314MPa·m^3。

故耦合基质变形、气体吸附、应力敏感、气体扩散的基质渗透率可表示为

$$k_2=\frac{1}{\alpha}\left[\left(\frac{6\pi r_{\mathrm{A}}}{k_{\mathrm{B}}T}+\frac{3}{4\mu(r-h)}\sqrt{\frac{\pi M}{2RT}}\right)^{-1}\frac{1}{\rho_{\mathrm{avg}}}+\frac{(r-h)^2}{8}\right]\left[\varphi_{\mathrm{e}}C_{\mathrm{e}}+\frac{\gamma_{\mathrm{t}}}{K_{\mathrm{t}}}\exp\left(-\frac{\sigma}{K_{\mathrm{t}}}\right)\right] \tag{3-25}$$

根据 Javadpour 的研究，引入滑脱修正系数 F 以修正滑脱作用对气体流动的影响：

$$F=1+\left(\frac{8\pi RT}{M}\right)^{0.5}\frac{\mu}{p_{\mathrm{avg}}r}\left(\frac{2}{\alpha_1}-1\right) \tag{3-26}$$

式中，α_1 ——切向动量协调系数，取值范围为0～1；

p_{avg} ——孔隙内外压的平均值。

根据太沙基有效应力理论，采用有效应力以表示应力对渗透率的影响，则耦合基质变形、气体吸附、应力敏感、气体扩散和滑脱作用的基质渗透率可表示为

$$k_{\mathrm{m}}=(1+F)k_2 \tag{3-27}$$

$$k_{\mathrm{m}}=\frac{1+F}{\alpha}\left[\left(\frac{6\pi r_{\mathrm{A}}}{k_{\mathrm{B}}T}+\frac{3}{4\mu r_{\mathrm{e}}}\sqrt{\frac{\pi M}{2RT}}\right)^{-1}\frac{1}{p}+\frac{r_{\mathrm{e}}^2}{8}\right]\left[\varphi_{\mathrm{e}}C_{\mathrm{e}}+\frac{\gamma_{\mathrm{t}}}{K_{\mathrm{t}}}\exp\left(-\frac{\sigma'}{K_{\mathrm{t}}}\right)\right] \tag{3-28}$$

式中，σ' ——有效应力。

方程(3-28)右边第一项表示滑脱作用和应力敏感作用，第二项表示扩散和吸附作用，最后一项表示应力作用下的基质变形。

3.1.3 裂隙孔隙度和渗透率模型

由于假设基质和裂缝两个系统在空间上是相互重叠的，故与基质类似，对于裂缝系统也考虑为弹簧模型。不同于基质的是，裂缝系统沿着正交于裂缝平面的方向分为体积与应力呈指数关系的裂隙部分和体积与应力呈线性关系的岩体部分，且裂隙和岩体都符合胡克定律，即应力应变为线性关系。由于页岩储层压裂后形成的裂缝尺度较大，克努森数较小，故裂缝中的气体流动可考虑变形、应力敏感和滑脱作用的影响。研究文献表明，对于裂隙岩体，裂缝开度对裂缝渗透率有很大程度的影响。本章考虑裂缝为嵌入于两平板之间，且单位体积平均裂缝开度为 b，则有

$$b=b_{\mathrm{e}}+b_{\mathrm{t}} \tag{3-29}$$

$$b_0=b_{0,\mathrm{e}}+b_{0,\mathrm{t}} \tag{3-30}$$

对于裂隙和岩体两部分分别应用胡克定律：

$$d\sigma = -K_{f,t}\frac{db_t}{b_{0,t}} \tag{3-31}$$

$$d\sigma = -K_{f,e}\frac{db_e}{b_{0,e}} \tag{3-32}$$

式中，f——裂缝系统。

联立方程(3-24)、方程(3-26)、方程(3-27)，得到：

$$db = -b_{0,e}\frac{d\sigma'}{K_{f,e}} - b_{0,t}\exp\left(-\frac{\sigma'}{K_{f,t}}\right)\frac{d\sigma'}{K_{f,t}} \tag{3-33}$$

对方程(3-33)积分可得平均裂缝开度(裂缝孔隙度)：

$$b = b_{0,e}\left(1-\frac{\sigma'}{K_{f,e}}\right) + b_{0,t}\exp\left(-\frac{\sigma'}{K_{f,t}}\right) \tag{3-34}$$

类似地，考虑气体采出产生的应力敏感和气体滑脱作用，裂缝渗透率可表示为

$$k_f = \frac{b^2(1+F)}{4\alpha}\left[\frac{b_{0,e}}{K_{f,e}} + \frac{b_{0,t}}{K_{f,t}}\exp\left(-\frac{\sigma'}{K_{f,t}}\right)\right] \tag{3-35}$$

方程(3-35)右边的$(1+F)/\alpha$ 表示应力敏感和滑脱作用，其余则表示应力作用下的变形。

3.1.4　修正模型的验证

由方程(3-35)和方程(3-28)可得到页岩气总渗透率方程：

$$k = \frac{1+F}{\alpha}\left\{\begin{aligned}&\left\{\left[\frac{6\pi r_A}{k_B T} + \frac{3}{4\mu(r-h)}\sqrt{\frac{\pi M}{2RT}}\right]^{-1}\frac{1}{p} + \frac{(r-h)^2}{8}\right\}\left[\varphi_e C_e + \frac{\gamma_t}{K_t}\exp\left(-\frac{\sigma'}{K_t}\right)\right]\\&+\frac{b^2}{4}\left[\frac{b_{0,e}}{K_{f,e}} + \frac{b_{0,t}}{K_{f,t}}\exp\left(-\frac{\sigma'}{K_{f,t}}\right)\right]\end{aligned}\right\} \tag{3-36}$$

式中，r_A、k_B、M、R、T、μ——常数，具体取值见本章前文；

F、r、σ'、α、p、K_t、$K_{f,e}$、$K_{f,t}$、C_e、φ_e、γ_t、$b_{0,e}$、$b_{0,t}$——可由试验测得；

b 和 h——可由公式计算得出。

故由以上方程可看出，页岩气基质渗透率主要受应力敏感系数 α、滑脱修正系数 F、孔隙压力 p、有效应力σ'、孔隙半径 r 等因素的影响；而页岩气裂缝渗透率主要受应力敏感系数 α 和有效应力σ'的影响。

关于页岩气渗透率，已经有许多专家学者提出了经过验证的模型，其中包括一些经典模型，见表 3-1。

表 3-1 页岩气渗透率已有模型

模型名称	模型公式
Javadpour 模型[16]	$k_{\text{app}}=\dfrac{2r\mu M}{3\times10^{3}RT\rho_{\text{avg}}}\left(\dfrac{8RT}{\pi M}\right)^{0.5}+F\dfrac{r^{2}}{8}$
P&M 模型[128]	$k/k_{0}=\left(\varphi/\varphi_{0}\right)^{3}$
Civan 模型[20,22,23]	$k_{\text{a}}=k_{\infty}\left(1+\alpha\left(k_{\text{n}}\right)k_{\text{n}}\right)\left(1+\dfrac{4k_{\text{n}}}{1-bk_{\text{n}}}\right)$
DGM 模型[77]	$k_{\text{a}}=k_{\infty}\left(1+\dfrac{b_{\text{k}}}{p_{\text{g}}}\right)$

从中选取 Civan 模型与修正的渗透率模型进行对比，Civan 模型与修正模型的渗透率随孔隙半径的变化关系如图 3-3 所示，其中相关参数取值见表 3-2。随着孔隙半径增大，孔隙连通性逐渐增强，以致气体流动能力增大，进而使渗透率升高。由图 3-3 可以看出，修正模型与 Civan 模型计算结果基本一致；孔隙半径为 19nm 时，修正模型与 Civan 模型匹配度最好；且随孔隙半径增加，渗透率上升；孔隙半径与渗透率为非线性关系，与理论相符合；修正模型与 Civan 模型的误差在 10%以内，且后期误差保持在 5%以内。修正模型考虑了应力作用下的基质变形、应力敏感和滑脱作用等影响，计算出的渗透率更为准确。

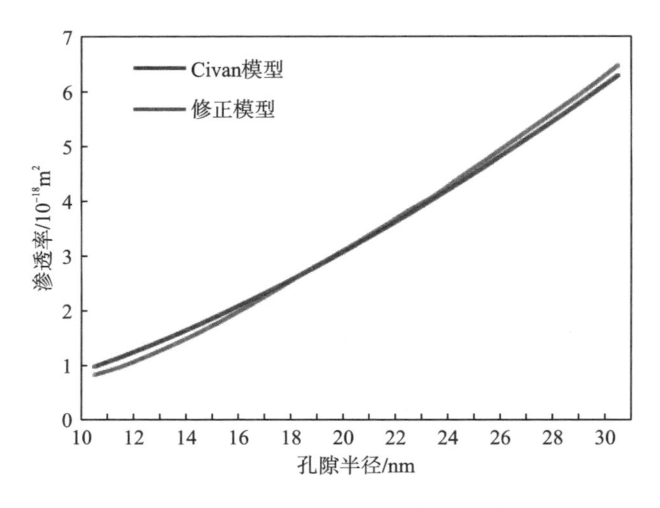

图 3-3 孔隙半径与渗透率的关系

表 3-2　模型相关参数取值

参数	数值
$b_{0,e}$ /nm	300
$b_{0,t}$ /μm	8
F	1.017
α	0.002
M/(kg·mol^{-1})	0.016
T/K	318.15
μ/(MPa·s)	1.8×10^{-11}
R/(MPa·m^3)	8.314
φ_e	0.015
γ_t	0.005

由于试验岩样致密性较高，故初始孔隙度较小，渗透率较低。图 3-4 描述了试验渗透率和理论模型渗透率的拟合关系，包括不同孔压下理论方程和试验得到的有效应力与渗透率之间的关系。可以看出，随有效应力增加，渗透率逐渐减小，且减小幅度逐渐降低。这是由于岩样中的孔隙在应力条件下发生压缩或闭合，使岩样的渗透能力降低。试验渗透率与理论模型渗透率结果基本一致，表明修正的模型具有合理性和可靠性。

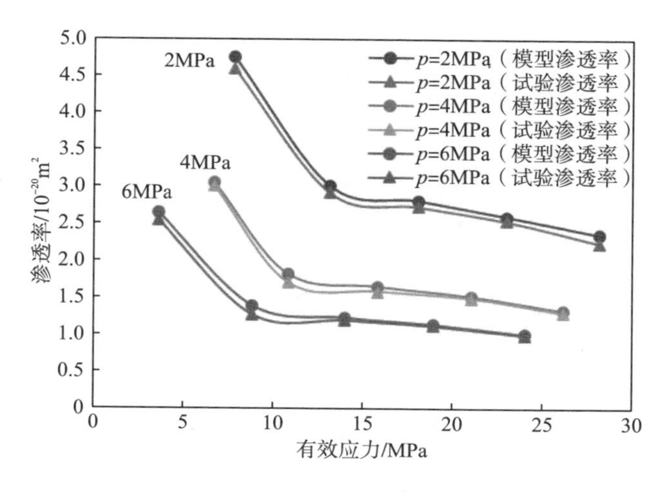

图 3-4　不同孔压下有效应力与渗透率的关系

3.1.5　修正模型的影响因素

孔隙压力为 0.4MPa 时的基质孔隙度和裂缝开度(裂缝孔隙度)随有效应力的变化如图 3-5 所示。由于只假设储层的部分应力应变关系为指数关系，故而孔隙度随有效应力的变化曲线不完全为指数关系曲线。结果表明，随有效应力增加，页岩基质孔隙度减小，部分裂缝闭合，气体流动能力减小，故而使渗透率降低。

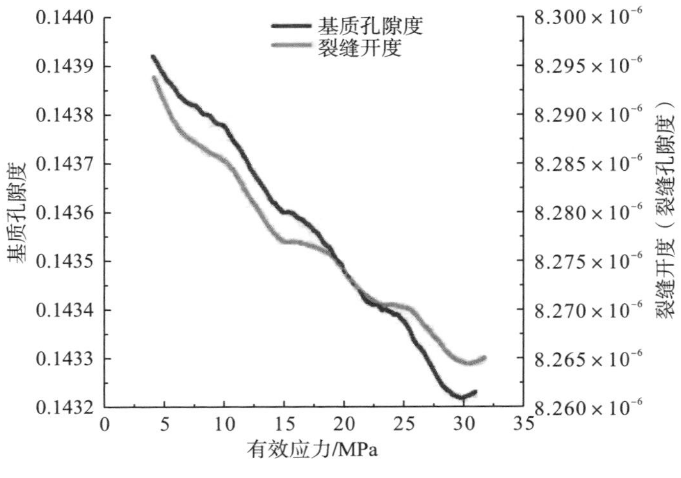

图 3-5 有效应力与孔隙度的关系

基质孔隙度为 14.40%时，不同孔隙压力下的有效应力与渗透率的关系如图 3-6 所示。由图可以看出，随有效应力增加，渗透率逐渐减小。随孔隙压力增加，由于占优势的吸附膨胀效应，渗透率逐渐降低。在有效应力为定值的情况下，孔隙压力为 0.4MPa 和 0.6MPa 时的渗透率变化幅度较大，表明低孔隙压力下，渗透率随孔隙压力的变化更为显著。

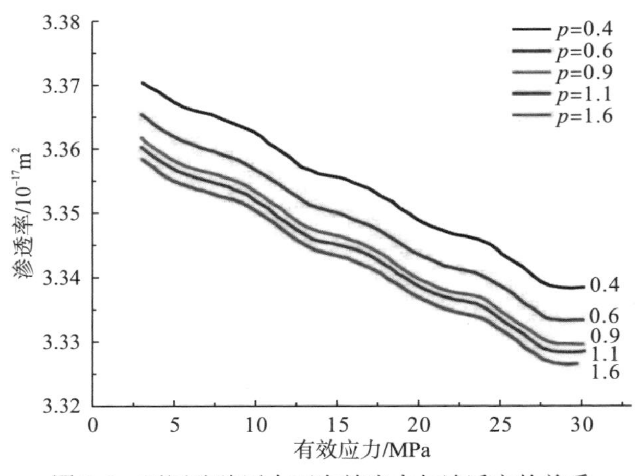

图 3-6 不同孔隙压力下有效应力与渗透率的关系

除了孔隙半径、有效应力和孔隙压力，应力敏感、滑脱作用等对页岩气渗透率的影响也不可忽略。有效应力为 12MPa，孔隙压力为 0.4MPa 时，滑脱系数对页岩气渗透率的影响如图 3-7 所示。结果表明，页岩气渗透率随滑脱系数的增加而增加；滑脱系数与渗透率呈线性关系。由图 3-7 可以看出，随着滑脱系数的增大，渗透率线性增大。滑脱系数表征了滑脱作用的大小，即结果表明滑脱作用越明显，页岩气渗透率的值越大。

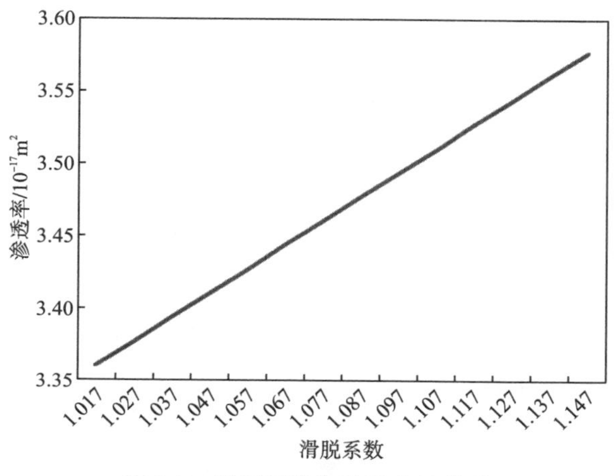

图 3-7　滑脱系数与渗透率的关系

此外，在气体采出过程中，孔隙压力下降，会造成基质收缩，进而降低渗透率，产生应力敏感，而应力敏感系数即表征了应力敏感作用的大小。图 3-8 表示有效应力为 12MPa，孔隙压力为 0.4MPa 时的应力敏感系数与渗透率的变化关系。可以看出，随着应力敏感系数的增大，渗透率逐渐降低，且在应力敏感系数小于 0.001 时，渗透率随系数增大而急速下降，而在应力敏感系数大于 0.001 后，渗透率的下降趋势明显变缓。

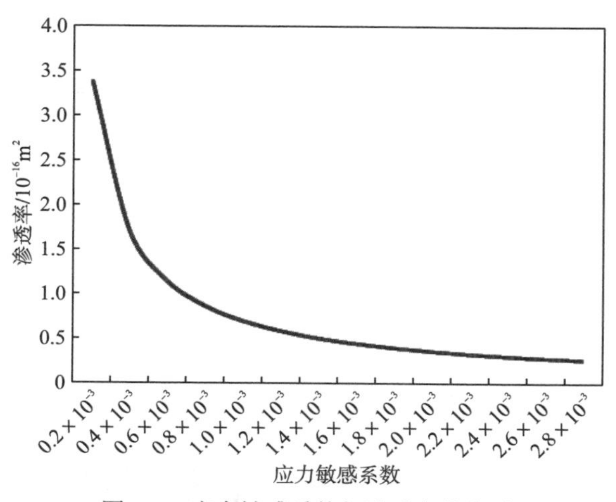

图 3-8　应力敏感系数与渗透率的关系

对于基质渗透率，吸附层厚度的影响如图 3-9 所示。可以看出，基质渗透率随吸附层厚度的增加而降低，且呈直线下降趋势。吸附层厚度增加，气体流动通道的有效半径减小，流动能力下降，进而导致渗透率降低。但是吸附层厚度变化对渗透率的影响幅度仅在 10^{-19} 的数量级，相对于其他影响因素来说并不是非常显著。

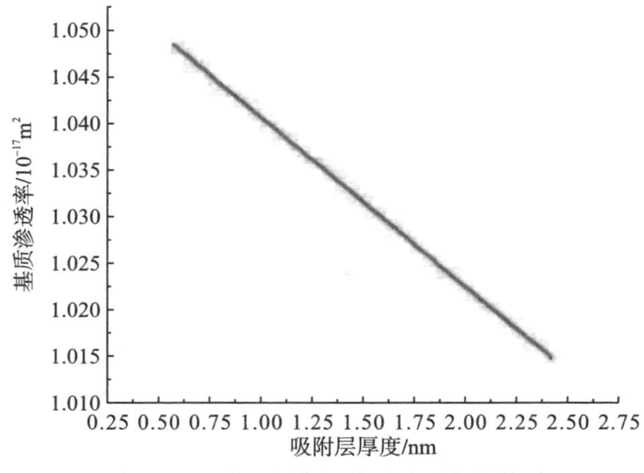

图 3-9 吸附层厚度与基质渗透率的关系

对于裂缝渗透率，无应力状态下的裂缝开度的影响不可忽略。其中无应力状态下的裂隙开度 $b_{0,t}$ 与裂缝渗透率的关系如图 3-10 所示。裂隙开度越大，气体流动空间越大，流动能力越强，渗透率越大。计算结果表明，裂缝渗透率随裂隙开度的增大而增大，且裂隙开度越大，裂缝渗透率的增幅越大。由图 3-10 可以看出，裂隙开度对渗透率的影响范围在 10^{-17} 的数量级，较其他影响因素更为显著。

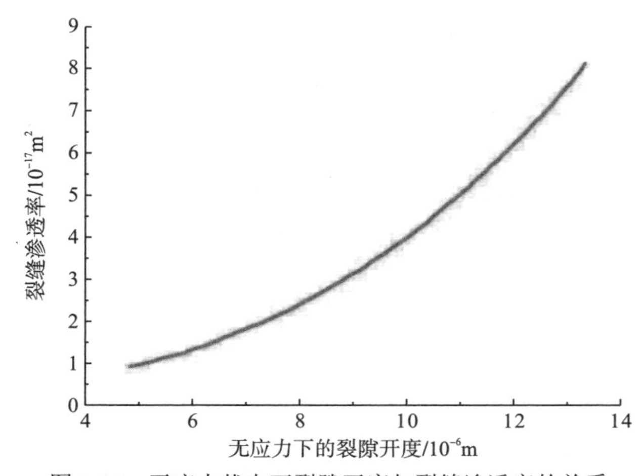

图 3-10 无应力状态下裂隙开度与裂缝渗透率的关系

无应力状态下的岩体部分裂缝开度 $b_{0,e}$ 对裂缝渗透率的影响如图 3-11 所示。岩体裂缝开度越大，气体流动空间越大，流动能力越强，裂缝渗透率越大。计算结果表明，裂缝渗透率随岩体裂缝开度的增大而增大，且呈线性增长趋势。这与本章认为裂缝系统中的岩体为体积与应力呈线性关系的假设一致。

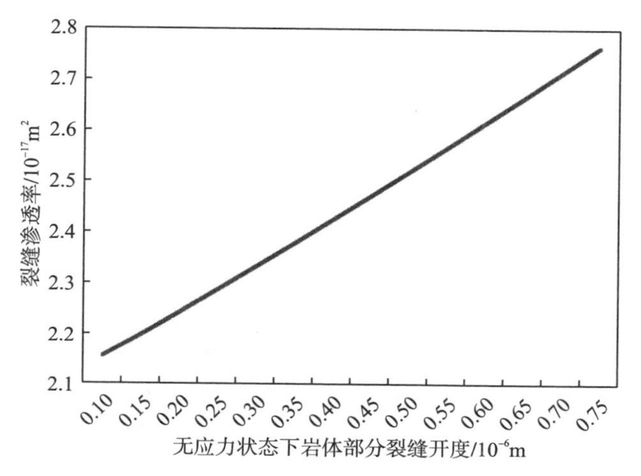

图 3-11　无应力状态下岩体部分裂缝开度与裂缝渗透率的关系

3.2　考虑流固耦合的页岩渗流数学模型

3.2.1　渗流控制方程

1. 连续性方程

在一定孔隙度的页岩气储层中某点取一六面体微元，其边长分别为 dx、dy、dz，并分别与各坐标轴平行，如图 3-12 所示。

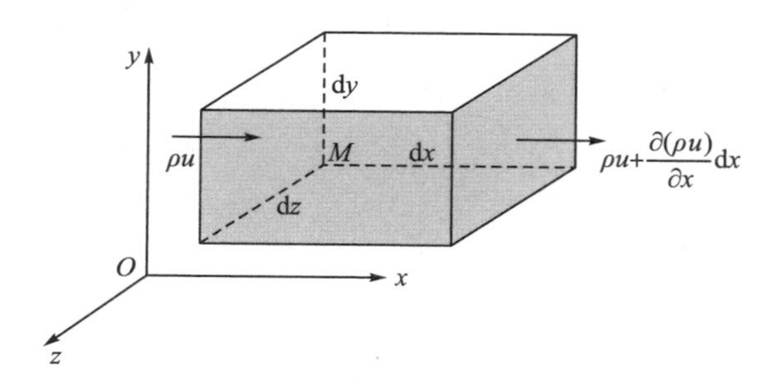

图 3-12　页岩气储层单元体质量守恒

气体流动的连续性方程可表示为

流动项+累积项+源汇项= 0

即

$$\begin{cases} \mathrm{div}(\rho v)+\dfrac{\partial(\rho\varphi)}{\partial t}+q=0 \\ \mathrm{div}(\rho v)=\dfrac{\partial(\rho v_x)}{\partial x}+\dfrac{\partial(\rho v_y)}{\partial y}+\dfrac{\partial(\rho v_z)}{\partial z} \end{cases} \tag{3-37}$$

式中，div——散度。

由此可得到 x 方向的流量变化：

$$\left(\rho v_x-\frac{\partial(\rho v_x)}{\partial x}\frac{\mathrm{d}x}{2}\right)\mathrm{d}y\mathrm{d}z\mathrm{d}t-\left(\rho v_x+\frac{\partial(\rho v_x)}{\partial x}\frac{\mathrm{d}x}{2}\right)\mathrm{d}y\mathrm{d}z\mathrm{d}t=-\left(\frac{\partial(\rho v_x)}{\partial x}\right)\mathrm{d}x\mathrm{d}y\mathrm{d}z\mathrm{d}t \tag{3-38}$$

当没有源汇项，且气体可压缩时，单元体内的连续性方程可表示为

$$-\left(\frac{\partial(\rho v_x)}{\partial x}+\frac{\partial(\rho v_y)}{\partial y}+\frac{\partial(\rho v_z)}{\partial z}\right)\mathrm{d}x\mathrm{d}y\mathrm{d}z\mathrm{d}t=\frac{\partial(\rho\varphi)}{\partial t}\mathrm{d}x\mathrm{d}y\mathrm{d}z\mathrm{d}t \tag{3-39}$$

则页岩气的渗流场连续性方程表示为

$$\frac{\partial m}{\partial t}+\nabla\cdot(\rho_{\mathrm{g}}\boldsymbol{u})=Q \tag{3-40}$$

式中，ρ_{g} ——气体密度；

$\boldsymbol{u}$ ——Darcy 速度张量；

∇ ——哈密顿算符；

t ——时间；

Q ——源汇项。

m 是包含游离态和吸附态的含气量，定义如下：

$$m=\rho_{\mathrm{g}}\varphi+\rho_{\mathrm{ga}}\rho_{\mathrm{s}}\frac{V_{\mathrm{L}}p}{p+p_{\mathrm{L}}} \tag{3-41}$$

式中，φ ——孔隙度；

V_{L} ——Langmuir 体积常量；

ρ_{s} ——页岩密度；

ρ_{ga} ——标准状态下的页岩气密度。

2. 运动方程

不考虑重力影响，根据 Darcy 定律，流体流动速度 v 可表示为

$$v=\frac{k}{\mu}\frac{\Delta p}{\Delta L} \tag{3-42}$$

式中，L——渗流长度。

则气体流动的运动方程可以表示为

$$\boldsymbol{u}=-\frac{k}{\mu}\nabla p \tag{3-43}$$

3. 状态方程

根据理想气体定律，不考虑压缩因子，理想气体的状态方程为

$$PV=RT \tag{3-44}$$

式中，P——气体压力。

具有可压缩性的真实气体的状态方程为

$$PV=ZRT \tag{3-45}$$

式中，Z——压缩因子。

则可得到气体密度：

$$\rho_{\mathrm{g}}=\frac{p}{p_{\mathrm{a}}}\rho_{\mathrm{ga}} \tag{3-46}$$

式中，p_{a}——标准大气压。

4. 渗流场控制方程

数学模型的基本假设如下：

(1) 页岩气储层是各向同性的弹性介质，具有连续性和均匀性；

(2) 储层为双重介质，基质系统和裂缝系统分别具有不同的渗透率；

(3) 气体以游离态赋存于裂缝系统中，基质中吸附气和游离气并存；

(4) 页岩储层中的气体为单一饱和 CH_4 气体；

(5) 气体的吸附为朗缪尔等温吸附；

(6) 基质及裂缝中的气体流动考虑滑脱效应对渗透率的影响；

(7) 气体在流动过程中为等温状态；

(8) 忽略重力和毛细管力的影响。

由于页岩气在流动过程中没有源汇项，将方程(3-41)、方程(3-43)和方程(3-46)代入方程(3-40)中，可得到页岩气储层中的气体流动控制方程：

$$\left[\varphi+\frac{\rho_{\mathrm{c}}p_{\mathrm{a}}V_{\mathrm{L}}p_{\mathrm{L}}}{(p+p_{\mathrm{L}})^2}\right]\frac{\partial p}{\partial t}+p\frac{\partial\varphi}{\partial t}+\nabla\left(-\frac{k}{\mu}p\nabla p\right)=0 \tag{3-47}$$

可得随时间变化的基质孔隙度：

$$\frac{\partial \varphi_{\mathrm{m}}}{\partial t}=\left[\varphi_{\mathrm{e}} C_{\mathrm{e}}+\gamma_{\mathrm{t}} \exp \left(-\frac{\sigma'}{K_{\mathrm{t}}}\right)\right]\left(\frac{\partial p}{\partial t}-\frac{\partial \sigma}{\partial t}\right) \tag{3-48}$$

以及随时间变化的裂缝孔隙度：

$$\frac{\partial b}{\partial t}=\left[\frac{b_{0,\mathrm{e}}}{K_{\mathrm{f,e}}}+b_{0,\mathrm{t}} \exp \left(-\frac{\sigma'}{K_{\mathrm{f,t}}}\right)\right]\left(\frac{\partial p}{\partial t}-\frac{\partial \sigma}{\partial t}\right) \tag{3-49}$$

将方程(3-48)代入方程(3-47)，得到页岩气基质渗流模型：

$$\left[\varphi_{\mathrm{m}}+\frac{\rho_{\mathrm{c}} p_{\mathrm{a}} V_{\mathrm{L}} p_{\mathrm{L}}}{\left(p+p_{\mathrm{L}}\right)^{2}}\right] \frac{\partial p}{\partial t}+\nabla\left(-\frac{k_{\mathrm{m}}}{\mu} p \nabla p\right)=p\left[\varphi_{\mathrm{e}} C_{\mathrm{e}}+\gamma_{\mathrm{t}} \exp \left(-\frac{\sigma'}{K_{\mathrm{t}}}\right)\right] \frac{\partial \sigma'}{\partial t} \tag{3-50}$$

由于裂缝系统只存在游离气，故将方程(3-49)代入方程(3-40)，得到页岩气裂缝渗流模型：

$$\left[b_{0,\mathrm{e}}\left(1-\frac{\sigma'}{K_{\mathrm{f,e}}}\right)+b_{0,\mathrm{t}} \exp \left(-\frac{\sigma'}{K_{\mathrm{f,t}}}\right)\right] \frac{\partial p}{\partial t}+\nabla\left(-\frac{k_{\mathrm{f}}}{\mu} p \nabla p\right)=p\left[\frac{b_{0,\mathrm{e}}}{K_{\mathrm{f,e}}}+b_{0,\mathrm{t}} \exp \left(-\frac{\sigma'}{K_{\mathrm{f,t}}}\right)\right] \frac{\partial \sigma'}{\partial t} \tag{3-51}$$

初始条件如下。

储层中的初始压力：

$$p(t=0)=p_{i} \tag{3-52}$$

边界条件：外边界为定压边界；内边界为定流量边界。

$$r \rightarrow \infty \text{：} p=p_{i} \tag{3-53}$$

$$r=R_{\mathrm{e}} \text{：} \frac{\partial p}{\partial r}=0 \tag{3-54}$$

3.2.2 应力场控制方程

1. 应力平衡方程

在应力作用下，岩体骨架将发生变形或位移。忽略游离气流动和岩体变形运动的惯性力以及气体的体积力，在页岩储层的任一点取一平行六面体微元，如图 3-13 所示。

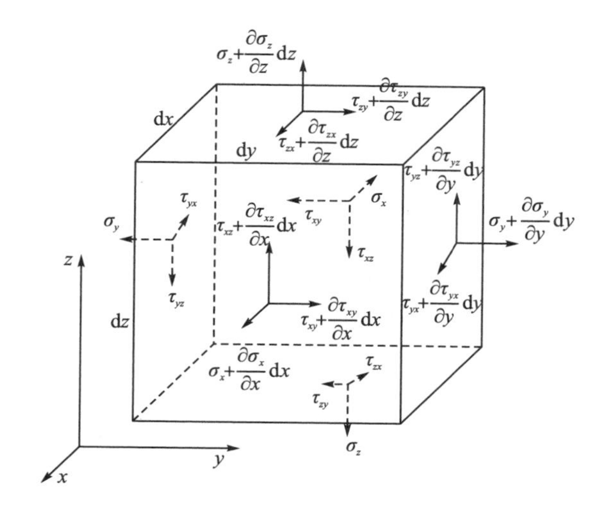

图 3-13　页岩气储层微元体应力平衡

根据$\sum F = 0$，对 x、y、z 方向分别进行受力平衡计算，可得三维空间中的页岩气藏应力平衡方程：

$$\begin{cases} \dfrac{\partial \sigma_x}{\partial x} + \dfrac{\partial \tau_{yx}}{\partial y} + \dfrac{\partial \tau_{zx}}{\partial z} + X = 0 \\ \dfrac{\partial \sigma_y}{\partial y} + \dfrac{\partial \tau_{zy}}{\partial z} + \dfrac{\partial \tau_{xy}}{\partial x} + Y = 0 \\ \dfrac{\partial \sigma_z}{\partial z} + \dfrac{\partial \tau_{yz}}{\partial y} + \dfrac{\partial \tau_{xz}}{\partial x} + Z = 0 \end{cases} \tag{3-55}$$

其中，总应力与有效应力的关系为

$$\sigma_{ij} = \sigma'_{ij} + \beta p \delta_{ij} \tag{3-56}$$

式中，β——孔隙压力常数，取值范围为 0～1。

用有效应力表达的应力平衡方程可表示为

$$\sigma' + f + \beta p = 0 \tag{3-57}$$

式中，f——外加应力，MPa。

2. 几何方程

假设岩体骨架发生的是小变形，则位移分量与应变分量满足变形协调方程，几何方程可表示为

$$\varepsilon_{ij} = \frac{1}{2}\left(u_{ij} + u_{ij}\right) \tag{3-58}$$

$$\varepsilon_v = u_{11} + u_{22} + u_{33} \tag{3-59}$$

式中，ε_{ij}——岩体应变；

u_{ij}——岩体变形位移；

ε_v——岩体体积应变。

3. 本构方程

岩体的总应变由孔隙压力压缩岩体骨架引起的应变、吸附膨胀引起的应变及应力导致的应变 3 部分组成。岩体体积在应力作用下的应变包括基质系统的应变 ε_{m} 和裂缝系统的应变 ε_{f}：

$$\varepsilon_1 = \varepsilon_{\mathrm{m}} + \varepsilon_{\mathrm{f}} \tag{3-60}$$

其中，基质部分的应变可表示为

$$\mathrm{d}\varepsilon_{\mathrm{m}} = \mathrm{d}\varepsilon_{v,\mathrm{t}} + \mathrm{d}\varepsilon_{v,\mathrm{e}} = -\frac{\mathrm{d}V}{V} - \frac{\mathrm{d}V}{V_0} \tag{3-61}$$

裂缝系统的应变可表示为

$$\mathrm{d}\varepsilon_{\mathrm{f}} = \mathrm{d}b_{\mathrm{t}} + \mathrm{d}b_{\mathrm{e}} = -\frac{\mathrm{d}\sigma'}{K_{\mathrm{f,t}}} b_{0,\mathrm{t}} - \frac{\mathrm{d}\sigma'}{K_{\mathrm{f,e}}} b_{0,\mathrm{e}} \tag{3-62}$$

则各向同性下，弹性变形条件下的本构方程为

$$\sigma' = 2G\varepsilon + \lambda e - \theta_1 \Delta P - \theta_2 a_2 T \ln(1 + bp) \tag{3-63}$$

式中，G、λ——拉梅常数；

θ_1、θ_2——计算参数；

$$G = \frac{E}{2(1+v)}, \quad \lambda = \frac{Ev}{(1+v)(1-2v)} \tag{3-64}$$

$$\theta_1 = \frac{(3\lambda - 2G)K_{\mathrm{e}}}{3}, \quad \theta_2 = \frac{2\rho R K_{\mathrm{e}}(3\lambda + 2G)}{9V_{\mathrm{m}}} \tag{3-65}$$

其中，E——弹性模量；

v——泊松比。

4. 变形控制方程

联立方程(3-57)、方程(3-58)和方程(3-63)，可得到考虑吸附膨胀、应力和孔隙压力的页岩气储层变形控制方程：

$$(\lambda + 2G)u - \theta_1 \Delta p - \theta_2 a_2 T \ln(1 + bp) + f + \beta p = 0 \tag{3-66}$$

边界条件：

$$r \to \infty: \ u = u_1, \quad \sigma' = T \tag{3-67}$$

初始条件：

$$t = 0: \ \frac{\partial u}{\partial x} = v, \quad u = 0 \tag{3-68}$$

3.2.3 渗流数学模型

在页岩气藏流固耦合模型的研究中，渗透率作为页岩气渗流控制方程中的重要参数，经常被当作常数处理，从而忽略了储层孔隙度、有效应力、岩体变形等因素对页岩气渗透率的影响。现实储层中，随着储层的开采，有效应力的增加会促使储层岩体变形，进而引起孔隙度的变化，而孔隙度又是影响页岩气渗透率的主要因素，因此在研究页岩气藏的运移规律时，有必要考虑有效应力、孔隙度等因素对渗透率的影响。本书将推导的页岩气渗透率模型、页岩气藏渗流场控制方程和变形控制方程相联立，从而建立页岩气储层的流固耦合数学模型。

联立方程(3-28)、方程(3-35)、方程(3-50)、方程(3-51)和方程(3-66)，得到页岩气藏流固耦合数学模型：

$$\begin{aligned}&\left[\varphi_{\mathrm{e}}(1-C_{\mathrm{e}}\sigma)+\gamma_{\mathrm{t}}\exp\left(-\frac{\sigma}{K_{\mathrm{t}}}\right)+\frac{\rho_{\mathrm{c}}p_{\mathrm{a}}V_{\mathrm{L}}p_{\mathrm{L}}}{(p+p_{\mathrm{L}})^{2}}\right]\frac{\partial p}{\partial t}+\nabla\left(-\frac{k_{\mathrm{m}}}{\mu}p\nabla p\right)\\&=p\left[\varphi_{\mathrm{e}}C_{\mathrm{e}}+\gamma_{\mathrm{t}}\exp\left(-\frac{\sigma'}{K_{\mathrm{t}}}\right)\right]\frac{\partial\sigma'}{\partial t}\end{aligned}\tag{3-69a}$$

$$\left[b_{0,\mathrm{e}}\left(1-\frac{\sigma'}{K_{\mathrm{f,e}}}\right)+b_{0,\mathrm{t}}\exp\left(-\frac{\sigma'}{K_{\mathrm{f,t}}}\right)\right]\frac{\partial p}{\partial t}+\nabla\left(-\frac{k_{\mathrm{f}}}{\mu}p\nabla p\right)=p\left[\frac{b_{0,\mathrm{e}}}{K_{\mathrm{f,e}}}+b_{0,\mathrm{t}}\exp\left(-\frac{\sigma'}{K_{\mathrm{f,t}}}\right)\right]\frac{\partial\sigma'}{\partial t}\tag{3-69b}$$

$$(\lambda+2G)u-\theta_{1}\Delta p-\theta_{2}a_{2}T\ln\left(1+bp\right)+f+\beta p=0\tag{3-69c}$$

考虑一维平面流动，方程(3-50)和方程(3-51)可以变为

$$\begin{aligned}&\left[\varphi_{\mathrm{e}}(1-C_{\mathrm{e}}\sigma)+\gamma_{\mathrm{t}}\exp\left(-\frac{\sigma}{K_{\mathrm{t}}}\right)+\frac{\rho_{\mathrm{c}}p_{\mathrm{a}}V_{\mathrm{L}}p_{\mathrm{L}}}{(p+p_{\mathrm{L}})^{2}}\right]\frac{\partial p}{\partial t}+\frac{\partial}{\partial x}\left(-\frac{k_{\mathrm{m}}}{\mu}p\frac{\partial p}{\partial x}\right)\\&=p\left[\varphi_{\mathrm{e}}C_{\mathrm{e}}+\gamma_{\mathrm{t}}\exp\left(-\frac{\sigma'}{K_{\mathrm{t}}}\right)\right]\frac{\partial\sigma'}{\partial t}\end{aligned}\tag{3-70}$$

$$\begin{aligned}&\left[b_{0,\mathrm{e}}\left(1-\frac{\sigma'}{K_{\mathrm{f,e}}}\right)+b_{0,\mathrm{t}}\exp\left(-\frac{\sigma'}{K_{\mathrm{f,t}}}\right)\right]\frac{\partial p}{\partial t}+\frac{\partial}{\partial x}\left(-\frac{k_{\mathrm{f}}}{\mu}p\frac{\partial p}{\partial x}\right)\\&=p\left[\frac{b_{0,\mathrm{e}}}{K_{\mathrm{f,e}}}+b_{0,\mathrm{t}}\exp\left(-\frac{\sigma'}{K_{\mathrm{f,t}}}\right)\right]\frac{\partial\sigma'}{\partial t}\end{aligned}\tag{3-71}$$

基于有限差分法，考虑向前差分的显式差分，对方程(3-70)等号前第二项进行离散：

$$\frac{\partial}{\partial x}\left(-\frac{k_{\mathrm{m}}}{\mu}p\frac{\partial p}{\partial x}\right)=\left[\left(-\frac{k_{\mathrm{m}}}{\mu}p\frac{\partial p}{\partial x}\right)_{i+1}^{n}-\left(-\frac{k_{\mathrm{m}}}{\mu}p\frac{\partial p}{\partial x}\right)_{i}^{n}\right]/\Delta x\tag{3-72}$$

$$\left(-\frac{k_{\mathrm{m}}}{\mu}p\right)_i^n=\left[\left(-\frac{k_{\mathrm{m}}}{\mu}p\right)_{i+2}^n-\left(-\frac{k_{\mathrm{m}}}{\mu}p\right)_i^n\right]/2 \tag{3-73}$$

$$\left(\frac{\partial p}{\partial x}\right)_i^n=\frac{p_{i+1}^n-p_{i-1}^n}{2\Delta x} \tag{3-74}$$

对方程(3-71)等号前第二项进行离散：

$$\frac{\partial}{\partial x}\left(-\frac{k_{\mathrm{f}}}{\mu}p\frac{\partial p}{\partial x}\right)=\left[\left(-\frac{k_{\mathrm{f}}}{\mu}p\frac{\partial p}{\partial x}\right)_{i+1}^n-\left(-\frac{k_{\mathrm{f}}}{\mu}p\frac{\partial p}{\partial x}\right)_i^n\right]/\Delta x \tag{3-75}$$

$$\left(-\frac{k_{\mathrm{f}}}{\mu}p\right)_i^n=\left[\left(-\frac{k_{\mathrm{f}}}{\mu}p\right)_{i+2}^n-\left(-\frac{k_{\mathrm{f}}}{\mu}p\right)_i^n\right]/2 \tag{3-76}$$

对方程(3-70)等号前第一项进行离散：

$$\left[\varphi_{\mathrm{e}}(1-C_{\mathrm{e}}\sigma')+\gamma_{\mathrm{t}}\exp\left(-\frac{\sigma'}{K_{\mathrm{t}}}\right)+\frac{\rho_{\mathrm{c}}p_{\mathrm{a}}V_{\mathrm{L}}p_{\mathrm{L}}}{(p+p_{\mathrm{L}})^2}\right]\frac{\partial p}{\partial t}=$$

$$\left\{\begin{array}{l}\left[\varphi_{\mathrm{e}}\left(1-C_{\mathrm{e}}\sigma_i'^{n+1}\right)+\gamma_{\mathrm{t}}\exp\left(-\dfrac{\sigma_i'^{n+1}}{K_{\mathrm{t}}}\right)+\dfrac{\rho_{\mathrm{c}}p_{\mathrm{a}}V_{\mathrm{L}}p_{\mathrm{L}}}{\left(p_i^{n+1}+p_{\mathrm{L}}\right)^2}\right]p_i^{n+1}\\-\left[\varphi_{\mathrm{e}}\left(1-C_{\mathrm{e}}\sigma_i'^{n}\right)+\gamma_{\mathrm{t}}\exp\left(-\dfrac{\sigma_i'^{n}}{K_{\mathrm{t}}}\right)+\dfrac{\rho_{\mathrm{c}}p_{\mathrm{a}}V_{\mathrm{L}}p_{\mathrm{L}}}{\left(p_i^{n}+p_{\mathrm{L}}\right)^2}\right]p_i^{n}\end{array}\right\}/\Delta t \tag{3-77}$$

对方程(3-71)等号前第一项进行离散：

$$\left[b_{0,\mathrm{e}}\left(1-\frac{\sigma'}{K_{\mathrm{f,e}}}\right)+b_{0,\mathrm{t}}\exp\left(-\frac{\sigma'}{K_{\mathrm{f,t}}}\right)\right]\frac{\partial p}{\partial t}=\left\{\begin{array}{l}\left[b_{0,\mathrm{e}}\left(1-\dfrac{\sigma_i'^{n+1}}{K_{\mathrm{f,e}}}\right)+b_{0,\mathrm{t}}\exp\left(-\dfrac{\sigma_i'^{n+1}}{K_{\mathrm{f,t}}}\right)\right]p_i^{n+1}\\-\left[b_{0,\mathrm{e}}\left(1-\dfrac{\sigma_i'^{n}}{K_{\mathrm{f,e}}}\right)+b_{0,\mathrm{t}}\exp\left(-\dfrac{\sigma_i'^{n}}{K_{\mathrm{f,t}}}\right)\right]p_i^{n}\end{array}\right\}/\Delta t \tag{3-78}$$

对方程(3-70)等号后进行离散：

$$p\left[\varphi_{\mathrm{e}}C_{\mathrm{e}}+\gamma_{\mathrm{t}}\exp\left(-\frac{\sigma'}{K_{\mathrm{t}}}\right)\right]\frac{\partial\sigma'}{\partial t}=\left\{\begin{array}{l}\left[\varphi_{\mathrm{e}}C_{\mathrm{e}}+\gamma_{\mathrm{t}}\exp\left(-\dfrac{\sigma_i'^{n+1}}{K_{\mathrm{t}}}\right)\right]p_i^{n+1}\sigma_i^{n+1}\\-\left[\varphi_{\mathrm{e}}C_{\mathrm{e}}+\gamma_{\mathrm{t}}\exp\left(-\dfrac{\sigma_i'^{n}}{K_{\mathrm{t}}}\right)\right]p_i^{n}\sigma_i^{n}\end{array}\right\}/\Delta t \tag{3-79}$$

对方程(3-71)等号后进行离散：

$$p\left[\frac{b_{0,\mathrm{e}}}{K_{\mathrm{f,e}}}+b_{0,\mathrm{t}}\exp\left(-\frac{\sigma'}{K_{\mathrm{f,t}}}\right)\right]\frac{\partial\sigma'}{\partial t}=\left\{\begin{array}{l}\left[\frac{b_{0,\mathrm{e}}}{K_{\mathrm{f,e}}}+b_{0,\mathrm{t}}\exp\left(-\frac{\sigma_i'^{n+1}}{K_{\mathrm{t}}}\right)\right]p_i^{n+1}\sigma_i^{n+1}\\-\left[\frac{b_{0,\mathrm{e}}}{K_{\mathrm{f,e}}}+b_{0,\mathrm{t}}\exp\left(-\frac{\sigma_i'^{n}}{K_{\mathrm{t}}}\right)\right]p_i^{n}\sigma_i^{n}\end{array}\right\}/\Delta t \quad (3\text{-}80)$$

将方程(3-72)～方程(3-74)、方程(3-77)、方程(3-79)代入方程(3-70)，将方程(3-74)～方程(3-76)、方程(3-78)、方程(3-80)代入方程(3-71)就能分别得到向前差分的有限差分方程：

$$\left\{\begin{array}{l}\left[\varphi_{\mathrm{e}}C_{\mathrm{e}}+\gamma_{\mathrm{t}}\exp\left(-\frac{\sigma_i'^{n+1}}{K_{\mathrm{t}}}\right)\right]p_i^{n+1}\sigma_i^{n+1}\\-\left[\varphi_{\mathrm{e}}C_{\mathrm{e}}+\gamma_{\mathrm{t}}\exp\left(-\frac{\sigma_i'^{n}}{K_{\mathrm{t}}}\right)\right]p_i^{n}\sigma_i^{n}\end{array}\right\}/\Delta t-\left\{\begin{array}{l}\left[\left(-k_{\mathrm{m}}p\right)_{i+3}^{n}-\left(-k_{\mathrm{m}}p\right)_{i+1}^{n}\right]\left(p_{i+2}^{n}-p_i^{n}\right)\\-\left[\left(-k_{\mathrm{m}}p\right)_{i+2}^{n}-\left(-k_{\mathrm{m}}p\right)_{i}^{n}\right]\left(p_{i+1}^{n}-p_{i-1}^{n}\right)\end{array}\right\}/\left(4\mu\Delta x\right)$$

$$=\left\{\begin{array}{l}\left[\varphi_{\mathrm{e}}\left(1-C_{\mathrm{e}}\sigma_i'^{n+1}\right)+\gamma_{\mathrm{t}}\exp\left(-\frac{\sigma_i'^{n+1}}{K_{\mathrm{t}}}\right)+\frac{\rho_{\mathrm{c}}p_{\mathrm{a}}V_{\mathrm{L}}p_{\mathrm{L}}}{\left(p_i^{n+1}+p_{\mathrm{L}}\right)^2}\right]p_i^{n+1}\\-\left[\varphi_{\mathrm{e}}\left(1-C_{\mathrm{e}}\sigma_i'^{n}\right)+\gamma_{\mathrm{t}}\exp\left(-\frac{\sigma_i'^{n}}{K_{\mathrm{t}}}\right)+\frac{\rho_{\mathrm{c}}p_{\mathrm{a}}V_{\mathrm{L}}p_{\mathrm{L}}}{\left(p_i^{n}+p_{\mathrm{L}}\right)^2}\right]p_i^{n}\end{array}\right\}/\Delta t$$

(3-81)

$$\left\{\begin{array}{l}\left[\frac{b_{0,\mathrm{e}}}{K_{\mathrm{f,e}}}+b_{0,\mathrm{t}}\exp\left(-\frac{\sigma_i'^{n+1}}{K_{\mathrm{t}}}\right)\right]p_i^{n+1}\sigma_i^{n+1}\\-\left[\frac{b_{0,\mathrm{e}}}{K_{\mathrm{f,e}}}+b_{0,\mathrm{t}}\exp\left(-\frac{\sigma_i'^{n}}{K_{\mathrm{t}}}\right)\right]p_i^{n}\sigma_i^{n}\end{array}\right\}/\Delta t-\left\{\begin{array}{l}\left[\left(-k_{\mathrm{f}}p\right)_{i+3}^{n}-\left(-k_{\mathrm{f}}p\right)_{i+1}^{n}\right]\left(p_{i+2}^{n}-p_i^{n}\right)\\-\left[\left(-k_{\mathrm{f}}p\right)_{i+2}^{n}-\left(-k_{\mathrm{f}}p\right)_{i}^{n}\right]\left(p_{i+1}^{n}-p_{i-1}^{n}\right)\end{array}\right\}/\left(4\mu\Delta x\right)$$

$$=\left\{\begin{array}{l}\left[b_{0,\mathrm{e}}\left(1-\frac{\sigma_i'^{n+1}}{K_{\mathrm{f,e}}}\right)+b_{0,\mathrm{t}}\exp\left(-\frac{\sigma_i'^{n+1}}{K_{\mathrm{f,t}}}\right)\right]p_i^{n+1}\\-\left[b_{0,\mathrm{e}}\left(1-\frac{\sigma_i'^{n}}{K_{\mathrm{f,e}}}\right)+b_{0,\mathrm{t}}\exp\left(-\frac{\sigma_i'^{n}}{K_{\mathrm{f,t}}}\right)\right]p_i^{n}\end{array}\right\}/\Delta t$$

(3-82)

3.2.4　裂缝岩心数值模拟

采用 COMSOL-Multiphysic 软件对页岩岩心流固耦合机制进行数值模拟。模拟通过 COMSOL 软件自身提供的 CAD 工具建立二维几何模型，模拟将孔隙度和渗透率不发生变化以及孔隙度、渗透率等因素影响下的页岩岩心应力和压力的变化进行对比研究。数值模拟过程中所用的基准参数见表 3-3。在数值模拟中，模型为 50mm×50mm 的页岩岩心数值模型，其中模型左侧为 0.5mm×25mm 的裂缝区域，其余部分为基质区域，如图 3-14 所示。模型上下两侧设置固定约束，初始压力为 20MPa，施加外部荷载 3MPa。当不考虑孔隙度和渗透率的变化时，模型的基质孔隙度设置为 0.02，渗透率为 $2\times10^{-20}\mathrm{m}^2$；裂缝区域孔隙度设置为 0.2，渗透率为 $2\times10^{-15}\mathrm{m}^2$；当考虑孔隙度和渗透率的变化时，孔隙度和渗透率分别设置为提出的模型。

表 3-3　模型计算参数

参数名称	参数值	参数名称	参数值
气体分子半径/m	1.9×10^{-10}	基质体积模量/MPa	1×10^{5}
Boltzmann 常数/($\mathrm{J\cdot K^{-1}}$)	1.380649×10^{-23}	裂缝骨架体积模量 $K_{\mathrm{f,e}}$/MPa	7×10^{4}
气体摩尔质量/($\mathrm{kg\cdot mol^{-1}}$)	0.016	裂缝孔隙体积模量 $K_{\mathrm{f,t}}$/MPa	5×10^{4}
气体常数/($\mathrm{MPa\cdot m^3}$)	8.314	裂缝区域长度/mm	25
气体黏度/($\mathrm{MPa\cdot s}$)	1.8×10^{-11}	裂缝区域宽度/mm	0.5
压缩系数/$\mathrm{MPa^{-1}}$	1×10^{-5}	裂缝初始开度/μm	8.3
基质初始孔隙度	0.02	岩石密度/($\mathrm{kg\cdot m^{-3}}$)	2600
朗缪尔压力/Pa	1.01×10^{7}	气体标准密度/($\mathrm{kg\cdot m^{-3}}$)	0.78
朗缪尔体积/($\mathrm{m^3\cdot kg^{-1}}$)	2.8317×10^{-3}	初始压力/MPa	20
岩石弹性模量/GPa	50	外部荷载/MPa	3
泊松比	0.25	岩心面积/$\mathrm{mm^2}$	50×50
基质渗透率/$\mathrm{m^2}$	2×10^{-20}	基质孔隙度	0.02
裂缝渗透率/$\mathrm{m^2}$	2×10^{-15}	裂缝孔隙度	0.2

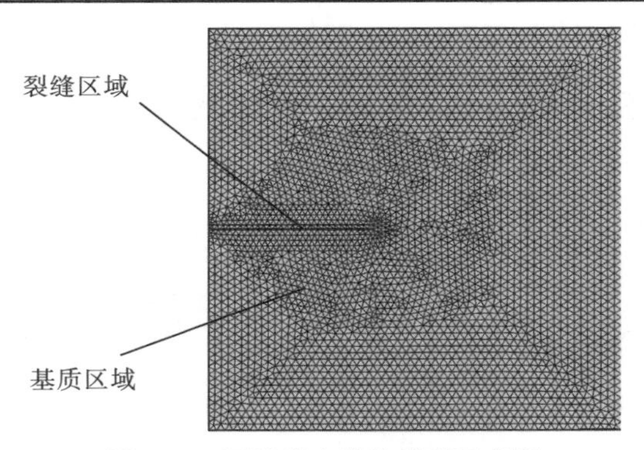

图 3-14　页岩岩心数值模型示意图

数值模拟结果如图 3-15～图 3-18 所示。图 3-15 描述了岩心基质平均压力随时间的演变，包括渗透率不发生变化时和渗透率变化时的基质平均压力的模拟结果与时间的关系。图 3-15 左侧纵坐标轴表示考虑渗透率变化时的基质平均压力，右侧纵坐标轴则表示渗透率不变时的基质平均压力。由图可以看出，两种情况下的基质平均压力随时间均呈下降趋势，且渗透率不变时的平均压力相对较低。随时间增长，岩心基质中的压力减小，岩心孔隙度增大，渗透率升高，进而使岩心中压力下降幅度减小。

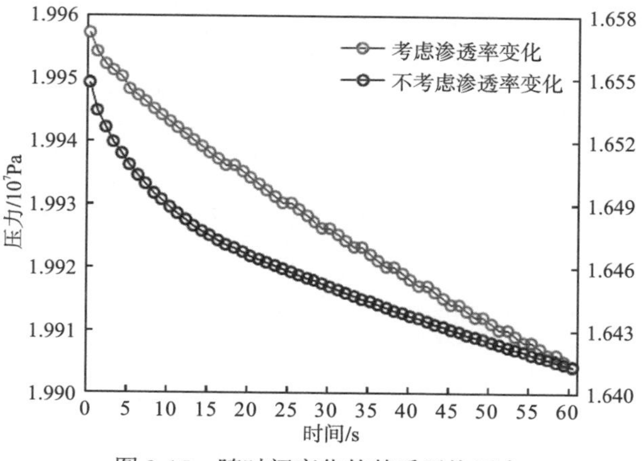

图 3-15　随时间变化的基质平均压力

图 3-16 描述了裂缝区域平均压力随时间的演变，包括渗透率不发生变化时和渗透率变化时的岩心裂缝区域平均压力的模拟结果与时间的关系。与基质相比，裂缝区域在两种情况下的压力随时间的变化均比较显著，表明裂缝区域具有高孔隙度和高渗透率的特点。渗透率不变化时，裂缝区域平均压力在前期迅速下降，而在 20s 后趋于稳定；渗透率变化时，裂缝区域平均压力逐渐缓慢下降，且下降幅度较渗透率不变时小。与基质区域相似，裂缝区域在渗透率不变情况下的平均压力相对较低，但与基质不同的是，裂缝区域在两种情况下的平均压力最高可相差约 10MPa，表明渗透率的变化对裂缝区域压力衰减的影响较大。

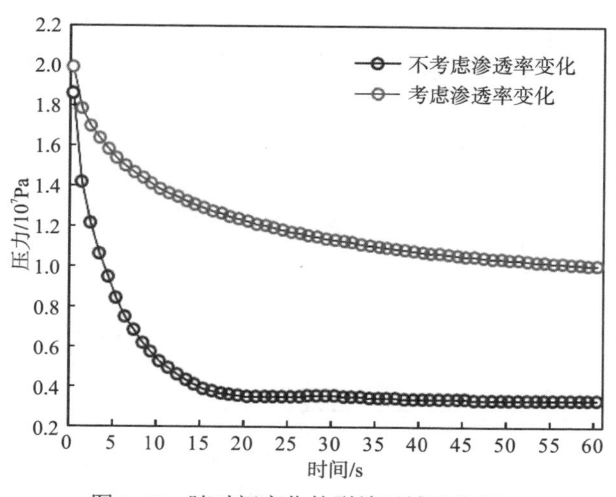

图 3-16　随时间变化的裂缝区域平均压力

图 3-17 描述了岩心基质平均应力随时间的演变，包括渗透率不发生变化时和渗透率变化时的基质平均应力的模拟结果与时间的关系。图 3-17 左侧纵坐标轴表示考虑渗透率变化时的基质平均应力，右侧纵坐标轴则表示渗透率不变时的基质平均应力。由图可以看出，两种情况下的基质平均应力随时间均呈下降趋势，且渗透率不变时的平均应力相对较小，裂缝区域在两种情况下的平均应力最高相差约 0.5MPa。

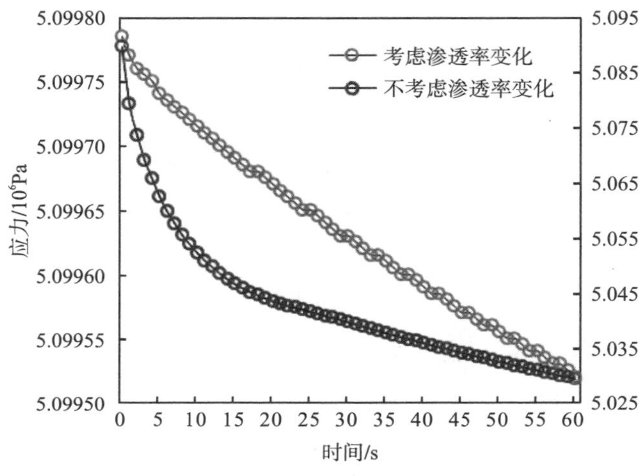

图 3-17 随时间变化的基质平均应力

图 3-18 描述了岩心裂缝区域平均应力随时间的演变，包括渗透率不发生变化时和渗透率变化时的裂缝区域平均应力的模拟结果与时间的关系。由图可以看出，

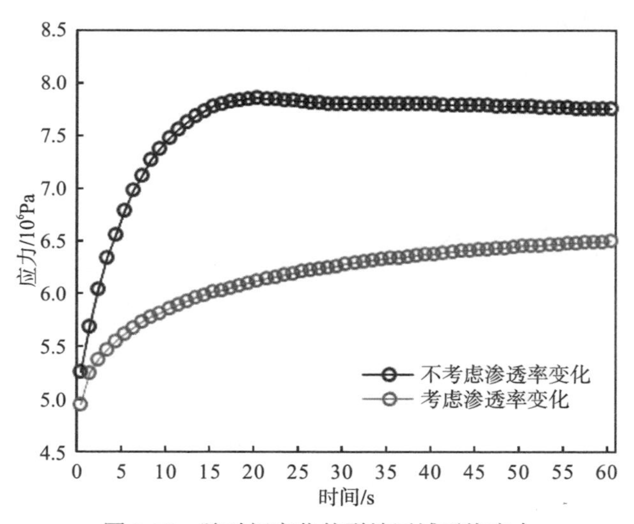

图 3-18 随时间变化的裂缝区域平均应力

裂缝区域平均应力随时间增长而增大。与基质相比，裂缝区域在两种情况下的平均应力随时间的变化均比较显著。渗透率不变化时，裂缝区域平均应力在前期迅速升高，而在 20s 后趋于稳定。渗透率变化时，裂缝区域平均应力逐渐缓慢上升，且上升幅度较渗透率不变时小。裂缝区域在渗透率不变情况下的平均应力相对较大，裂缝区域在两种情况下的平均应力最高相差约 2MPa，表明渗透率的变化对裂缝区域应力的影响较大。

3.3　本章小结

基于双重介质模型，将页岩储层看作线弹性介质并存在双重孔隙度，将弹簧系统模型应用于页岩气渗透率的研究，推导了耦合基质变形、气体吸附、应力敏感、气体扩散和滑脱作用的页岩气双重孔隙渗透率模型，并将研究模型与经典模型和试验数据进行对比验证，结果表明研究模型计算结果与试验和 Civan 模型基本一致，具有可靠性。

(1) 页岩气渗透率受有效应力、孔隙压力、应力敏感系数、孔隙半径、吸附层厚度、无应力状态下的裂缝开度和滑脱系数的影响；应力敏感系数、孔隙半径、无应力状态下的裂缝开度和滑脱系数对渗透率的影响较为显著；渗透率随有效应力、孔隙压力、吸附层厚度和应力敏感系数的增大而减小，随孔隙半径、无应力状态下的裂缝开度和滑脱系数的增大而增大；由于基质和裂缝渗透率的差异性，在页岩气的相关数值模拟中其渗透率也应分开计算。

(2) 将基质和裂缝分别看作两个系统，通过渗流控制方程和变形控制方程将渗流场和应力场耦合，并将所推导的考虑吸附、扩散、应力敏感和滑脱等影响因素的页岩气双重介质流固耦合渗透率代入方程，给出了页岩气藏双重介质下的渗流-应力耦合数学模型，并将气体流动简化到一维流动，并通过有限差分法将数学模型进行离散，给出了向前差分的渗流有限差分方程。

(3) 通过裂缝岩心数值模拟，分别描述了岩心的平均压力和平均应力随时间的演变，包括渗透率不发生变化时和渗透率变化时的模拟结果与时间的关系。模拟结果表明，随时间增长，岩心的平均压力逐渐减小，其中裂缝区域压力变化较为显著；不考虑渗透率变化时，裂缝区域平均压力在早期迅速下降，后期缓慢减小；考虑渗透率变化时，裂缝区域平均压力下降较为缓慢；岩心基质平均应力随时间的增长而减小；裂缝区域的平均应力随时间增长而逐渐增大，且后期趋于稳定；考虑渗透率变化的情况下，岩心的平均压力较渗透率不变时高，这是由于孔隙度和渗透率均会随压力的减小而增大，进而影响岩心的结构，从而减小压力的衰减幅度。

第 4 章　页岩气储层改造区域渗流数学模型

4.1　页岩气储层 SRV 区域的流固耦合模型

页岩基质中的孔隙由孔径小于 2nm 的微孔与孔径为 2～50nm 的中孔组成，而孔径大于 50nm 的大孔构成了裂缝[129]。页岩储层可以看作典型的双重孔隙介质，由基质块与裂缝系统组成。页岩气主要吸附在页岩基质孔隙的表面，而裂缝系统则是页岩气的运移通道。

对页岩气在双重介质中的运移特征与规律进行研究，对于页岩气开采具有重要的指导意义。对于裂缝系统，以火柴棒模型为基础，结合页岩气的吸附解吸过程，建立 SRV 区域的渗透率数学模型。对于页岩基质块，根据孔隙度的定义及孔隙度与渗透率间的立方关系，建立页岩基质块的孔隙度与渗透率模型。根据现场数据对比，对 SRV 区域渗透率模型的正确性进行验证，最后构建页岩储层的双重孔隙介质的渗流-应力耦合模型。

4.1.1　储层 SRV 区域双重介质模型

1. 模型基本假设

页岩储层致密性、非均质性特点突出，孔隙结构复杂，因此，页岩储层可以看作是典型的双重孔隙介质。

双重孔隙介质的渗流问题可以归纳为两类问题。一类是“双孔双渗”问题，即存在两种不同的渗透率——基质渗透率与裂隙渗透率。在“双孔双渗”问题中，流体可以通过裂缝与基质孔隙两个途径流入井筒内，且在裂缝与基质间存在流体的交换现象。另一类是“双孔单渗”问题，在该类问题中，裂缝与基质间不存在流体的交换现象，且基质孔隙中流体仅向裂缝扩散，再由裂缝流入井筒。两类问题的原理示意图如图 4-1 所示。

水力压裂过后，SRV 区域中的游离气被率先开采出来，储层压力随之降低，有效应力随之升高，页岩储层发生应力重分布现象。在储层应力状态发生的过程中，储层内裂缝被压缩导致变形，流体通道变窄，渗透率降低。与此同时，在游离气被开采、储层压力降低后，吸附态气体发生解吸，页岩基质收缩变形，裂缝开度增大，流体通道变宽，渗透率升高。

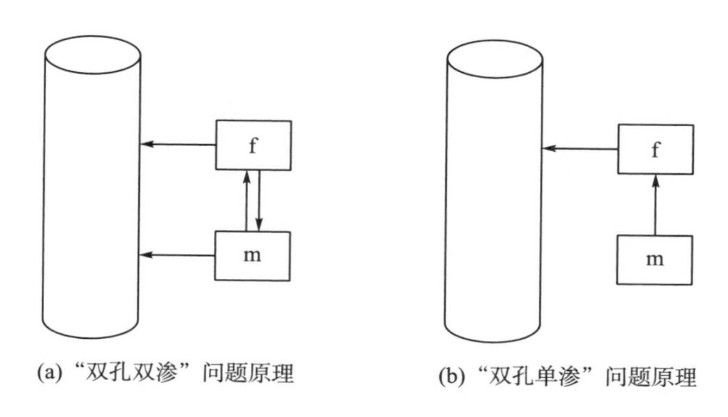

(a) “双孔双渗” 问题原理　　(b) “双孔单渗” 问题原理

图 4-1 双重孔隙介质渗流原理示意图

页岩气的开采过程，是一个受到应力场、渗流场、温度场、化学场等共同作用的复杂过程。在此过程中，应力状态与渗透率的变化规律也显得尤为复杂。在实际工程中，裂缝在压缩变形的过程中，由于支撑剂与裂缝中岩屑的支撑作用，裂缝变形受阻，裂缝开度的变化量与基质收缩的变化量存在一定差异，不完全相等。

选取修改后的捆绑火柴杆几何图形来表征页岩储层，其物理模型如图 4-2 所示。其中，将页岩储层基质简化为均匀的“火柴杆”状的长方体状的基质块，基质块间由弹簧连接，用其模拟基质与裂缝的相互作用。在 x 轴方向，基质块的长

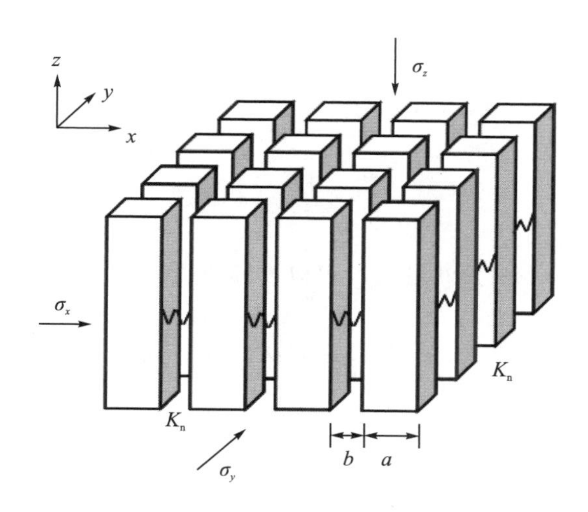

图 4-2 修改后的捆绑火柴杆模型

度为 a，弹簧长度(即裂缝宽度)用 b 表示。该渗流-应力模型的基本假设如下：页岩储层为连续的、均质各向同性的弹性介质；在油气开采过程中，页岩变形为小变形；页岩气渗流场内温度变化不大，可视为内部等温；忽略变形运动的惯性力；页岩储层中被单相气体所饱和；页岩气为理想气体，在裂缝系统中的流动遵从 Darcy 定律；基质系统中，气体以吸附气和游离气两种状态赋存，遵从 Langmuir 方程。

2. 应力场控制方程

应力场的变形控制方程包括平衡方程、几何方程、本构方程。

1) 平衡方程

在页岩气开采过程中，根据模型的基本假设可知，页岩储层的变形可以视为一个拟稳态变形的过程。忽略惯性力的影响，其应力场的平衡方程可以表示为

$$\sigma_{ij,j} + f_i = 0 \qquad i = 1,2,3; j = 1,2,3 \tag{4-1}$$

式中，$\sigma_{ij,j}$——储层的总应力分量；

f_i——储层的体积力分量。

2) 几何方程

应变分量与位移分量满足变形协调方程，几何方程采用应力张量可表示为

$$\varepsilon_{ij} = \frac{1}{2}\left(u_{i,j} + u_{j,i}\right) \tag{4-2}$$

$$\varepsilon_{kk}=\varepsilon_{11}+\varepsilon_{22}+\varepsilon_{33} \tag{4-3}$$

式中，ε_{ij}——储层的应变分量；

$u_{i,j}$、$u_{j,i}$——储层的位移分量；

ε_{kk}——体应变。

3) 本构方程

根据多孔弹性力学的本构方程，可以推导出页岩储层在开采过程中的变形本构方程，如下所示：

$$\varepsilon_{ij} = \frac{1}{E}\left[(1+\nu)\sigma_{ij} - \nu\sigma_{kk}\delta_{ij}\right] + \frac{\alpha}{3K} p_{\mathrm{m}}\delta_{ij} + \frac{\beta}{3K} p_{\mathrm{f}}\delta_{ij} + \frac{\varepsilon_{\mathrm{s}}}{3}\delta_{ij} \tag{4-4}$$

式中，ε_{s}——吸附引起的体积应变；

p_{m}、p_{f}——基质块、裂缝中的孔隙压力，后文中，下标 m、f 分别表示基质与裂缝；

α、β——基质块、裂缝中的毕奥(Biot)系数；

σ_{kk}——储层的体积应力，$\sigma_{kk}=\sigma_{11}+\sigma_{22}+\sigma_{33}$；

δ_{ij}——克罗内克(Kronecker)函数，$\delta_{ij}\overset{\text{def}}{=}\begin{cases}1, i=j\\0, i\neq j\end{cases}$。

由式(4-4)可以看出，页岩储层的应变由 3 部分组成：总应力引起的应变 $\frac{1}{E}\left[(1+\nu)\sigma_{ij}-\nu\sigma_{kk}\delta_{ij}\right]$、孔隙压力引起的应变 $\frac{\alpha}{3K}p_{\mathrm{m}}\delta_{ij}+\frac{\beta}{3K}p_{\mathrm{f}}\delta_{ij}$、吸附引起的应变 $\frac{\varepsilon_{\mathrm{s}}}{3}\delta_{ij}$。求解式(4-4)，可以得到应力应变本构方程：

$$\sigma_{ij}=2G\varepsilon_{ij}+\lambda\varepsilon_{kk}\delta_{ij}-\alpha p_{\mathrm{m}}\delta_{ij}-\beta p_{\mathrm{f}}\delta_{ij}-K\varepsilon_{\mathrm{s}}\delta_{ij} \tag{4-5}$$

将式(4-2)、式(4-3)代入式(4-5)，可以得到：

$$\sigma_x=\lambda\left(\frac{\partial u}{\partial x}+\frac{\partial v}{\partial y}+\frac{\partial w}{\partial z}\right)+2G\frac{\partial u}{\partial x}-\alpha p_{\mathrm{m}}-\beta p_{\mathrm{f}}-K\varepsilon_{\mathrm{s}},\tau_{yz}=G\left(\frac{\partial w}{\partial y}+\frac{\partial v}{\partial z}\right) \tag{4-6a}$$

$$\sigma_y=\lambda\left(\frac{\partial u}{\partial x}+\frac{\partial v}{\partial y}+\frac{\partial w}{\partial z}\right)+2G\frac{\partial v}{\partial y}-\alpha p_{\mathrm{m}}-\beta p_{\mathrm{f}}-K\varepsilon_{\mathrm{s}},\tau_{xz}=G\left(\frac{\partial u}{\partial z}+\frac{\partial w}{\partial x}\right) \tag{4-6b}$$

$$\sigma_z=\lambda\left(\frac{\partial u}{\partial x}+\frac{\partial v}{\partial y}+\frac{\partial w}{\partial z}\right)+2G\frac{\partial w}{\partial z}-\alpha p_{\mathrm{m}}-\beta p_{\mathrm{f}}-K\varepsilon_{\mathrm{s}},\tau_{xy}=G\left(\frac{\partial v}{\partial x}+\frac{\partial u}{\partial y}\right) \tag{4-6c}$$

将式(4-6)代入式(4-1)，可以得到页岩储层的应力场变形控制方程：

$$Gu_{i,kk}+\frac{G}{1-2\nu}u_{k,ki}-\alpha p_{\mathrm{m},i}-\beta p_{\mathrm{f},i}-K\varepsilon_{\mathrm{s},i}+f_i=0 \tag{4-7}$$

3. 渗流场控制方程

渗流场的变形控制方程可以分为气体含量方程、气体状态方程、基质系统与裂缝系统的气体流动连续性方程。

1) 气体含量方程

根据模型的基本假设可知，页岩储层内气体包括游离气与吸附气。吸附气仅存在于基质块中，游离气在基质块与裂缝系统中均存在。其中，基质块中的吸附气可以采用 Langmuir 等温吸附来进行脱附量计算，如下所示：

$$m_{\mathrm{m1}}=\rho_{\mathrm{s}}\rho_{\mathrm{ga}}\frac{V_{\mathrm{L}}p_{\mathrm{m}}}{p_{\mathrm{L}}+p_{\mathrm{m}}} \tag{4-8}$$

式中，m_{m1}——基质中吸附态气体的质量；

p_{L}——Langmuir 压力常数。

基质块中游离态气体的质量可以由以下公式计算得出：

$$m_{\mathrm{m2}}=\rho_{\mathrm{mg}}\varphi_{\mathrm{m}} \tag{4-9}$$

式中，m_{m2}——基质中游离态气体的质量；

ρ_{mg}——基质中气体的密度；

φ_m——基质的孔隙度。

综合式(4-8)、式(4-9)，可以计算出基质中气体的质量：

$$m_m = \rho_{mg}\varphi_m + \rho_s\rho_{ga}\frac{V_L p_m}{p_L + p_m} \tag{4-10}$$

裂缝系统中，仅存在游离气，其质量为

$$m_f = \rho_{fg}\varphi_f \tag{4-11}$$

式中，m_f——裂缝系统中游离态气体的质量；

ρ_{fg}——裂缝系统中气体的密度；

φ_f——裂缝系统的孔隙度。

2)气体状态方程

不考虑温度变化的影响，等温状态下的真实气体方程为

$$PV = nRT \tag{4-12}$$

式中，P——气体压力；

V——气体体积；

n——气体的物质的量。

由式(4-12)可以得到理想气体密度与压力间的关系式：

$$\rho_g = \frac{M_g}{RT}p \tag{4-13}$$

由式(4-13)可以得出标准状态下气体的密度计算公式：

$$\rho_{ga} = \frac{p_a}{p}\rho_g \tag{4-14}$$

3)连续性方程

根据质量守恒定律可得页岩气在基质系统与裂缝系统中的质量平衡方程：

$$\frac{\partial m_m}{\partial t} + \nabla\left(\rho_{mg}\boldsymbol{v}\right) = Q_s \tag{4-15a}$$

$$\frac{\partial m_f}{\partial t} + \nabla\left(\rho_{fg}\boldsymbol{v}\right) = -Q_s \tag{4-15b}$$

式中，$\boldsymbol{v}$——达西定律下的速度矢量；

Q_s——单位时间内裂缝-基质系统窜流量，kg/s。

忽略重力因素的作用，由 Darcy 定律可以得出 $\boldsymbol{v}$ 的计算公式：

$$\boldsymbol{v} = -\frac{k}{\mu}\nabla p \tag{4-16}$$

将式(4-10)、式(4-11)、式(4-14)、式(4-16)代入式(4-15)中，可以得到基质系统与裂缝系统气体流动的连续性方程：

$$\left[\left(\varphi_{\mathrm{m}}+\frac{\rho_{\mathrm{s}}p_{\mathrm{a}}V_{\mathrm{L}}p_{\mathrm{L}}}{(p_{\mathrm{m}}+p_{\mathrm{L}})^2}\right)\frac{\partial p_{\mathrm{m}}}{\partial t}+p_{\mathrm{m}}\frac{\partial\varphi_{\mathrm{m}}}{\partial t}\right]\frac{M_{\mathrm{g}}}{RT}+\nabla\left(-\rho_{\mathrm{mg}}\frac{k_{\mathrm{m}}}{\mu}\nabla p_{\mathrm{m}}\right)=w\rho_{\mathrm{ga}}(p_{\mathrm{f}}-p_{\mathrm{m}}) \tag{4-17a}$$

$$\left(\varphi_{\mathrm{f}}\frac{\partial p_{\mathrm{f}}}{\partial t}+p_{\mathrm{f}}\frac{\partial\varphi_{\mathrm{f}}}{\partial t}\right)\frac{M_{\mathrm{g}}}{RT}+\nabla\left(-\rho_{\mathrm{fg}}\frac{k_{\mathrm{f}}}{\mu}\nabla p_{\mathrm{f}}\right)=-w\rho_{\mathrm{ga}}\left(p_{\mathrm{f}}-p_{\mathrm{m}}\right) \tag{4-17b}$$

式中，w——裂缝-基质系统的气体质量交换系数，$w=8\left(1+\frac{2}{a^2}\right)\frac{k_{\mathrm{m}}}{\mu}$。

由式(4-17)可以看出，页岩气在开采过程中，储层孔隙压力、孔隙度、渗透率随着时间的变化而变化。储层压力的变化将导致渗透率的改变，因此研究双重孔隙介质渗流-应力耦合模型十分必要。

4.1.2　储层 SRV 区域基质渗透率模型

1. SRV 区域渗透率模型

根据图 4-2 可知，在 x 轴方向上，页岩基质块宽度为 a，裂缝张开度为 b。用 φ 表示孔隙度，k 表示渗透率。在静水围压条件下，可得到孔隙度与渗透率的表达式[130]：

$$\varphi=\frac{2b}{a} \tag{4-18}$$

$$k=\frac{b^3}{12a} \tag{4-19}$$

从式(4-18)、式(4-19)可以看出，孔隙度与渗透率是一个定值。但是，在页岩开采过程中，页岩的孔隙度与渗透率是变化的。随着页岩气的不断开采，页岩的储层压力下降，一方面，导致吸附页岩气解吸，使基质孔隙发生收缩，基质体积减小，导致裂缝张开度增大；另一方面，根据有效应力原理，储层压力下降使有效应力增大，造成裂隙张开度减小。因此，在页岩气开采过程中，页岩气的吸附解吸与有效应力的改变共同影响页岩孔隙率与渗透率的变化。

为了分析渗透率的变化规律，选取一个由一基质块与周围半个裂隙体组成的特征单元体 REV，如图 4-3 所示。图中，虚线部分为选取的 REV，实线部分为页岩基质块。

以 x 轴方向为例，对裂缝孔隙度取微分，由式(4-19)可得

$$\mathrm{d}\varphi_{\mathrm{f}x}=\mathrm{d}\left(\frac{2b}{a}\right)=\frac{2b}{a}\left(\frac{\mathrm{d}b}{b}-\frac{\mathrm{d}a}{a}\right)=\varphi_{\mathrm{f}x}\left(\frac{\Delta b_x}{b}-\frac{\Delta a_x}{a}\right) \tag{4-20}$$

式中，$\varphi_{\mathrm{f}x}$——x 轴方向上的裂缝孔隙度；

Δb_x——裂缝在 x 轴方向上的变形量；

Δa_x——基质块在 x 轴方向上的变形量。

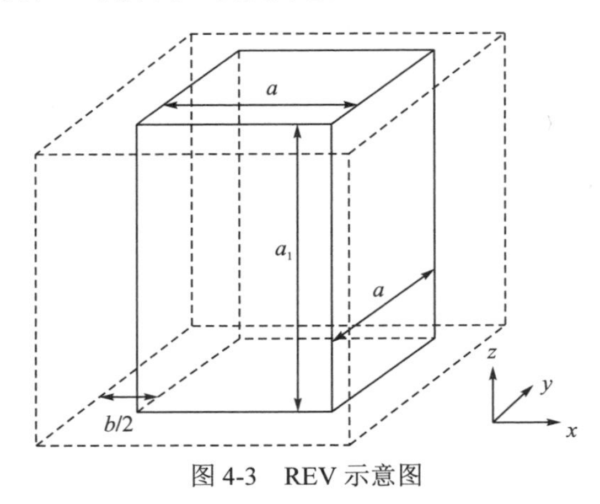

图 4-3　REV 示意图

在页岩气开采过程中，REV 在 x 轴方向上的变形量由两部分构成：裂缝系统的变形量与基质块的变形量。因此，可以得到：

$$\Delta b_x = \Delta d_{tx} - \Delta d_{mx} = (\Delta a_x + \Delta b_x) - \Delta a_x \tag{4-21}$$

式中，Δd_{tx}——REV 在 x 轴方向上的变形量；

Δd_{mx}——基质块在 x 轴方向上的变形量。

根据应变定义，可得出裂缝在 x 轴方向上的变形量：

$$\Delta b_x = (a+b)\varepsilon_{tx} - a\varepsilon_{mx} \tag{4-22}$$

式中，ε_{tx}——REV 在 x 轴方向上的应变；

ε_{mx}——基质块在 x 轴方向上的应变。

有效应力的变化与吸附解吸作用共同导致了页岩储层的变形。因此，根据胡克定律与吸附解吸可以推出 ε_{tx}、ε_{mx}：

$$\varepsilon_{tx} = \frac{1}{E_t}\left[\sigma_{ex} - v(\sigma_{ey} + \sigma_{ez})\right] - \Delta\varepsilon_{sx} \tag{4-23}$$

$$\varepsilon_{mx} = \frac{1}{E}\left[\sigma_{ex} - v(\sigma_{ey} + \sigma_{ez})\right] - \Delta\varepsilon_{sx} \tag{4-24}$$

式中，E_t——REV 的弹性模量；

E——基质块的弹性模量；

σ_{ex}、σ_{ey}、σ_{ez}——REV 在 x、y、z 轴方向上的有效应力；

$\Delta\varepsilon_{sx}$——吸附解吸作用下体积应变在 x 轴方向上的增量。

将式(4-23)、式(4-24)代入式(4-22)，可得到裂缝 x 轴方向的变形量：

$$\Delta b_x = \left(\frac{a+b}{E_t} - \frac{a}{E}\right)\left[\sigma_{ex} - v(\sigma_{ey} + \sigma_{ez})\right] - b\Delta\varepsilon_{sx} \tag{4-25}$$

REV 的弹性模量 E_t 与基质块的弹性模量 E 满足以下关系[131]：

$$\frac{1}{E_t}=\frac{1}{E}+\frac{1}{K_f a} \tag{4-26}$$

式中，K_f ——裂缝的法向刚度。

将式(4-26)代入式(4-25)，可以得到：

$$\Delta b_x=b\left(\frac{1}{E}+\frac{1}{K_{fx}a}+\frac{1}{K_{fx}b}\right)\left[\sigma_{ex}-v(\sigma_{ey}+\sigma_{ez})\right]-b\Delta\varepsilon_{sx} \tag{4-27}$$

移项得

$$\frac{\Delta b_x}{b}=\left(\frac{1}{E}+\frac{1}{K_{fx}a}+\frac{1}{K_{fx}b}\right)\left[\sigma_{ex}-v(\sigma_{ey}+\sigma_{ez})\right]-\Delta\varepsilon_{sx} \tag{4-28}$$

将式(4-24)、式(4-28)代入式(4-20)，并进行积分可以得到 SRV 区域孔隙度的数学模型：

$$\varphi_{fx}=\exp\left\{\left(\frac{1}{K_{fx}a_{x0}}+\frac{1}{K_{fx}b_{x0}}\right)\left[\sigma_{ex}-v\left(\sigma_{ey}+\sigma_{ez}\right)\right]\right\} \tag{4-29}$$

式中，a_{x0} —— x 轴方向上基质块的初始宽度；

b_{x0} —— x 轴方向上裂缝的初始开度。

将式(4-29)两边除以裂缝在 x 轴方向上的初始孔隙度 φ_{fx0} 后，可以得到孔隙度的变化量表达式：

$$\frac{\varphi_{fx}}{\varphi_{fx0}}=\exp\left\{\left(\frac{1}{K_{fx}a_{x0}}+\frac{1}{K_{fx}b_{x0}}\right)\left[\left(\sigma_{ex}-\sigma_{ex0}\right)-v\left(\sigma_{ey}-\sigma_{ey0}+\sigma_{ez}-\sigma_{ez0}\right)\right]\right\} \tag{4-30}$$

式中，φ_{fx0} ——x 轴方向上裂缝的初始孔隙度；

σ_{ex0}、σ_{ey0}、σ_{ez0} ——REV 在 x、y、z 方向上的初始有效应力。

同理，可以得到裂缝在 y 轴方向上孔隙度的变化量表达式：

$$\frac{\varphi_{fy}}{\varphi_{fy0}}=\exp\left\{\left(\frac{1}{K_{fy}a_{y0}}+\frac{1}{K_{fy}b_{y0}}\right)\left[(\sigma_{ex}-\sigma_{ex0})-v(\sigma_{ey}-\sigma_{ey0}+\sigma_{ez}-\sigma_{ez0})\right]\right\} \tag{4-31}$$

式中，a_{y0} —— y 轴方向上基质块的初始宽度；

b_{y0} —— y 轴方向上裂缝的初始开度。

类似地，可得到裂缝在 x 轴与 y 轴方向上渗透率的变化量表达式：

$$\frac{k_{fx}}{k_{fx0}}=\exp\left\{\begin{aligned}&\left(\frac{3}{K_{fx}a_{x0}}+\frac{3}{K_{fx}b_{x0}}+\frac{2}{E}\right)\left[(\sigma_{ex}-\sigma_{ex0})-v(\sigma_{ey}-\sigma_{ey0}+\sigma_{ez}-\sigma_{ez0})\right]\\&+\frac{2}{3}(\varepsilon_{sx}-\varepsilon_{sx0})\end{aligned}\right\} \tag{4-32}$$

$$\frac{k_{\mathrm{fy}}}{k_{\mathrm{fy0}}}=\exp\left\{\begin{aligned}&\left(\frac{3}{K_{\mathrm{fy}}a_{y0}}+\frac{3}{K_{\mathrm{fy}}b_{y0}}+\frac{2}{E}\right)\left[(\sigma_{\mathrm{ex}}-\sigma_{\mathrm{ex0}})-v(\sigma_{\mathrm{ey}}-\sigma_{\mathrm{ey0}}+\sigma_{\mathrm{ez}}-\sigma_{\mathrm{ez0}})\right]\\&+\frac{2}{3}(\varepsilon_{\mathrm{sy}}-\varepsilon_{\mathrm{sy0}})\end{aligned}\right\} \tag{4-33}$$

式中，k_{fx}、k_{fy}——x 轴与 y 轴方向上裂缝的渗透率；

k_{fx0}、k_{fy0}——x 轴与 y 轴方向上裂缝的初始渗透率；

$\varepsilon_{\mathrm{sx0}}$、$\varepsilon_{\mathrm{sy0}}$——$x$ 轴与 y 轴方向上初始时刻吸附解吸作用产生的体积应变。

若不考虑裂缝开度与渗透率的各向异性，则孔隙度与渗透率的关系式可写为

$$\frac{\varphi_{\mathrm{f}}}{\varphi_{\mathrm{f0}}}=\exp\left\{\left(\frac{1}{K_{\mathrm{f}}a_0}+\frac{1}{K_{\mathrm{f}}b_0}\right)\left[(\sigma_{\mathrm{ex}}-\sigma_{\mathrm{ex0}})-v(\sigma_{\mathrm{ey}}-\sigma_{\mathrm{ey0}}+\sigma_{\mathrm{ez}}-\sigma_{\mathrm{ez0}})\right]\right\} \tag{4-34}$$

$$\frac{k_{\mathrm{f}}}{k_{\mathrm{f0}}}=\exp\left\{\left(\frac{3}{K_{\mathrm{f}}a_0}+\frac{3}{K_{\mathrm{f}}b_0}+\frac{2}{E}\right)\left[(\sigma_{\mathrm{ex}}-\sigma_{\mathrm{ex0}})-v(\sigma_{\mathrm{ey}}-\sigma_{\mathrm{ey0}}+\sigma_{\mathrm{ez}}-\sigma_{\mathrm{ez0}})\right]+\frac{2}{3}(\varepsilon_{\mathrm{s}}-\varepsilon_{\mathrm{s0}})\right\} \tag{4-35}$$

式中，ε_{s}——吸附解吸作用下的体积应变；

$\varepsilon_{\mathrm{s0}}$——初始时刻吸附解吸作用下的体积应变。

式(4-34)、式(4-35)即为 SRV 区域孔隙度与渗透率的有效应力的数学模型。根据应力应变之间的关系，可以写成应变形式，如下：

$$\frac{\varphi_{\mathrm{f}}}{\varphi_{\mathrm{f0}}}=\exp\left[\left(\frac{E}{K_{\mathrm{f}}a_0}+\frac{E}{K_{\mathrm{f}}b_0}\right)(\varepsilon_{\mathrm{ex}}-\varepsilon_{\mathrm{ex0}})\right] \tag{4-36}$$

$$\frac{k_{\mathrm{f}}}{k_{\mathrm{f0}}}=\exp\left[\left(\frac{3E}{K_{\mathrm{f}}a_0}+\frac{3E}{K_{\mathrm{f}}b_0}+2\right)(\varepsilon_{\mathrm{ex}}-\varepsilon_{\mathrm{ex0}})+\frac{2}{3}(\varepsilon_{\mathrm{s}}-\varepsilon_{\mathrm{s0}})\right] \tag{4-37}$$

式中，$\varepsilon_{\mathrm{ex}}$——$x$ 轴方向上裂缝的有效应变；

$\varepsilon_{\mathrm{ex0}}$——$x$ 轴方向上裂缝的初始有效应变。

假设储层的侧边界是固定的，其位移为 0，则可以将其看作单轴应变问题，此时，$\sigma_{\mathrm{ex}}=\sigma_{\mathrm{ey}}$，$\varepsilon_x=\varepsilon_y=0$，$\varepsilon_z\neq 0$。

修正后的太沙基(Terzaghi)有效应力方程为

$$\sigma_{ij}=\sigma'_{ij}+ap\delta_{ij} \tag{4-38}$$

式中，σ'_{ij}——有效应力。

将式(4-38)代入应力应变本构方程[即式(4-5)]中，可得

$$\sigma_{\mathrm{ex}}=\sigma_{\mathrm{ey}}=\frac{v}{1-v}\sigma_{\mathrm{ez}}+\frac{E}{3(1-v)}\varepsilon_{\mathrm{s}} \tag{4-39}$$

根据式(4-39)，可以计算出：

$$\sigma_{\mathrm{ex}}-\sigma_{\mathrm{ex0}}=\sigma_{\mathrm{ey}}-\sigma_{\mathrm{ey0}}=\frac{v}{1-v}(\sigma_{\mathrm{ez}}-\sigma_{\mathrm{ez0}})+\frac{E}{3(1-v)}(\varepsilon_{\mathrm{s}}-\varepsilon_{\mathrm{s0}}) \tag{4-40a}$$

$$\sigma_{ez} - \sigma_{ez0} = p - p_0 \tag{4-40b}$$

式中，p_0——初始孔隙压力。

根据 Langmuir 方程，可以计算出吸附解吸作用引起的变形[128]：

$$\varepsilon_s = \frac{\varepsilon_L p_m}{p_m + p_L} \tag{4-41}$$

式中，ε_L——Langmuir 体积应变，指无穷大的孔隙压力下吸附所引起的体应变；

p_m——基质块的孔隙压力。

根据式(4-41)得

$$\varepsilon_s - \varepsilon_{s0} = \frac{\varepsilon_L p_L (p_m - p_{m0})}{(p_m + p_L)(p_{m0} + p_L)} \tag{4-42}$$

将式(4-40)、式(4-42)代入式(4-36)、式(4-37)可得

$$\frac{\varphi_f}{\varphi_{f0}} = \exp\left[-\left(\frac{E}{3K_f a_0} + \frac{E}{3K_f b_0}\right)\frac{\varepsilon_L p_L (p_m - p_{m0})}{(p_m + p_L)(p_{m0} + p_L)}\right] \tag{4-43}$$

$$\frac{k_f}{k_{f0}} = \exp\left[-\left(\frac{E}{K_f a_0} + \frac{E}{K_f b_0}\right)\frac{\varepsilon_L p_L (p_m - p_{m0})}{(p_m + p_L)(p_{m0} + p_L)}\right] \tag{4-44}$$

式(4-43)、式(4-44)即为单轴应变条件下，SRV 区域孔隙度与渗透率的数学模型。

2. 基质块渗透率模型

根据应变定义，可以得出页岩基质块在 x 轴方向上的应变：

$$\varepsilon_{mx} = \left(1 + \frac{b}{a}\right)\varepsilon_{tx} - \frac{b}{a}\varepsilon_{fx} \tag{4-45}$$

根据模型假设，储层为均质各向同性，因此，由吸附解吸作用引起的应变在各方向上相等。由胡克定律与吸附解吸可以推导出 REV 在 x 轴方向上的线应变表达式：

$$\varepsilon_{tx} = \frac{1}{E_t}\left[\sigma_{ex} - v(\sigma_{ey} + \sigma_{ez})\right] - \frac{1}{3}\Delta\varepsilon_s \tag{4-46}$$

结合式(4-26)，式(4-46)可以写作：

$$\varepsilon_{tx} = \left(\frac{1}{E} + \frac{1}{K_f a}\right)\left[\sigma_{ex} - v(\sigma_{ey} + \sigma_{ez})\right] - \frac{1}{3}\Delta\varepsilon_s \tag{4-47}$$

根据模型假设可知，游离态页岩气主要赋存于裂隙中，裂缝的孔隙率远小于基质孔隙率，吸附解吸作用主要发生在页岩基质中。有效应力的改变是引起裂缝形态变化的主要原因。因此，可以得到裂缝线应变在 x 轴方向上的表达式：

$$\varepsilon_{fx} = \frac{1}{K_f a}\left[\sigma_{ex} - v(\sigma_{ey} + \sigma_{ez})\right] \tag{4-48}$$

将式(4-47)、式(4-48)代入式(4-45)可得

$$\varepsilon_{mx}=\left[\frac{1}{3K_m(1-2v)}\left(1+\frac{b}{a}\right)+\frac{1}{K_f a}\right]\left[\sigma_{ex}-v(\sigma_{ey}+\sigma_{ez})\right]-\frac{s+b}{3s}\Delta\varepsilon_s \tag{4-49}$$

式中，K_m ——基质的体积模量。

同理可得，在 y 轴、z 轴方向上的基质块的线应变表达式：

$$\varepsilon_{my}=\left[\frac{1}{3K_m(1-2v)}\left(1+\frac{b}{a}\right)+\frac{1}{K_f a}\right]\left[\sigma_{ey}-v(\sigma_{ex}+\sigma_{ez})\right]-\frac{s+b}{3s}\Delta\varepsilon_s \tag{4-50}$$

$$\varepsilon_{mz}=\left[\frac{1}{3K_m(1-2v)}\left(1+\frac{b}{a}\right)+\frac{1}{K_f a}\right]\left[\sigma_{ez}-v(\sigma_{ey}+\sigma_{ex})\right]-\frac{s+b}{3s}\Delta\varepsilon_s \tag{4-51}$$

联立式(4-49)～式(4-51)，可以得到页岩基质块的体应变：

$$\varepsilon_v=\frac{\Delta V}{V}=\left[\frac{1}{3K_m}\left(1+\frac{b}{a}\right)+\frac{1-2v}{K_f a}\right](\sigma_{ex}+\sigma_{ey}+\sigma_{ez})-\frac{s+b}{s}\Delta\varepsilon_s \tag{4-52}$$

同理，可以得到孔隙体积的体应变：

$$\varepsilon_p=\frac{\Delta V_p}{V_p}=\left[\frac{1}{3K_p}\left(1+\frac{b}{a}\right)+\frac{1-2v}{K_f a}\right](\sigma_{ex}+\sigma_{ey}+\sigma_{ez})-\frac{s+b}{s}\Delta\varepsilon_s \tag{4-53}$$

页岩基质块孔隙度的计算公式为

$$\varphi_m=\frac{V_p}{V} \tag{4-54}$$

页岩基质的孔隙度变化受到有效应力变化与吸附解吸作用的共同影响，因此对孔隙度求微分，可得

$$d\varphi_m=d\left(\frac{V_p}{V}\right)=\varphi_m\left(\frac{dV_p}{V_p}-\frac{dV}{V}\right) \tag{4-55}$$

将式(4-52)、式(4-53)代入式(4-55)可得

$$\frac{d\varphi_m}{\varphi_m}=\frac{1}{3}\left(\frac{1}{K_p}-\frac{1}{K_m}\right)\left(1+\frac{b}{a}\right)(\sigma_{ex}+\sigma_{ey}+\sigma_{ez}) \tag{4-56}$$

由于 $K_m \gg K_p$，因此可以忽略 $\frac{1}{K_m}$，式(4-56)可写为

$$\frac{d\varphi_m}{\varphi_m}=\frac{1}{3K_p}\left(1+\frac{b}{a}\right)\left(\sigma_{ex}+\sigma_{ey}+\sigma_{ez}\right) \tag{4-57}$$

对式(4-57)积分，有

$$\frac{\varphi_m}{\varphi_{m0}}=\exp\left[\frac{1}{3K_p}\left(1+\frac{b_0}{a_0}\right)(\sigma_{ex}-\sigma_{ex0}\sigma_{ey}-\sigma_{ey0}+\sigma_{ez}-\sigma_{ez0})\right] \tag{4-58}$$

渗透率与孔隙度满足如下关系式[132]：

$$\frac{k_{\mathrm{m}}}{k_{\mathrm{m}0}}=\left(\frac{\varphi_{\mathrm{m}}}{\varphi_{\mathrm{m}0}}\right)^{3} \tag{4-59}$$

因此，页岩基质块的渗透率模型为

$$\frac{k_{\mathrm{m}}}{k_{\mathrm{m}0}}=\exp\left[\frac{1}{K_{\mathrm{p}}}\left(1+\frac{b_0}{a_0}\right)(\sigma_{\mathrm{e}x}-\sigma_{\mathrm{e}x0}\sigma_{\mathrm{e}y}-\sigma_{\mathrm{e}y0}+\sigma_{\mathrm{e}z}-\sigma_{\mathrm{e}z0})\right] \tag{4-60}$$

在单轴应变条件下，将式(4-40)、式(4-42)代入式(4-58)、式(4-60)，可得页岩基质的孔隙度与渗透率：

$$\frac{\varphi_{\mathrm{m}}}{\varphi_{\mathrm{m}0}}=\exp\left\{\frac{1}{3K_{\mathrm{p}}}\left(1+\frac{b_0}{a_0}\right)\left[\frac{1+v}{1-v}(p_{\mathrm{m}}-p_{\mathrm{m}0})-\frac{2E}{3(1-v)}\frac{\varepsilon_{\mathrm{L}}p_{\mathrm{L}}(p_{\mathrm{m}}-p_{\mathrm{m}0})}{(p_{\mathrm{m}}+p_{\mathrm{L}})(p_{\mathrm{m}0}+p_{\mathrm{L}})}\right]\right\} \tag{4-61}$$

$$\frac{k_{\mathrm{m}}}{k_{\mathrm{m}0}}=\exp\left\{\frac{1}{K_{p}}\left(1+\frac{b_0}{a_0}\right)\left[\frac{1+v}{1-v}(p_{\mathrm{m}}-p_{\mathrm{m}0})-\frac{2E}{3(1-v)}\frac{\varepsilon_{\mathrm{L}}p_{\mathrm{L}}(p_{\mathrm{m}}-p_{\mathrm{m}0})}{(p_{\mathrm{m}}+p_{\mathrm{L}})(p_{\mathrm{m}0}+p_{\mathrm{L}})}\right]\right\} \tag{4-62}$$

式(4-61)、式(4-62)即为单轴应变条件下，页岩基质块的孔隙度与渗透率的数学模型。

4.1.3　储层 SRV 区域渗透率模型验证

为了验证上述 SRV 区域渗透率模型的正确性，结合现场资料、渗透率的应力敏感性实验数据对模型进行拟合，并与经典的裂缝渗透率模型(S-D 模型)进行对比。

1. 实际生产资料的对比验证

圣胡安(San Juan)盆地的现场实际生产资料见表 4-1。

表 4-1　San Juan 盆地的现场数据

p/MPa	0.1	0.35	0.79	1.1	1.38	2.07	2.76	3.45	4.14	4.83	5.52
k/k_0	7.3	6.62	5.65	4.95	4.25	3.2	2.45	1.75	1.35	1	1.1

当弹性模量取 29GPa，裂缝法向刚度取 67.5GPa/m，裂缝开度为 0.17mm，基质块宽度取 1/12m 时，SRV 区域渗透率模型的理论值与 San Juan 盆地的现场实际生产数据拟合较好，如图 4-4 所示。

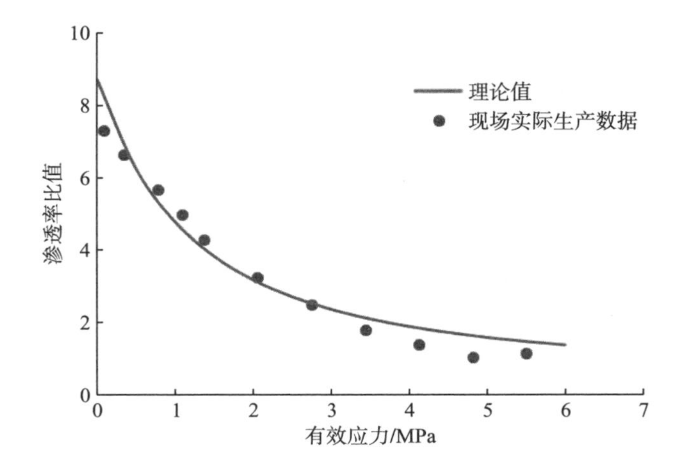

图 4-4 理论值与实际生产数据的拟合图

2. 室内实验数据验证

根据裂缝岩样的应力敏感性实验，得出了两组实验数据，即样品 KJ3 与样品 KJ4 的数据。此处的有效应力按照 Terzaghi 有效应力公式计算得出。

当初始渗透率为 $2.42\times10^{-3}\mu m^2$，弹性模量取 29GPa，裂缝法向刚度取 67.5GPa/m，裂缝开度为 0.17mm，基质块宽度取 1/12m 时，样品 KJ3 的实验数据与 SRV 区域渗透率模型的理论值拟合情况较好，如图 4-5 所示。

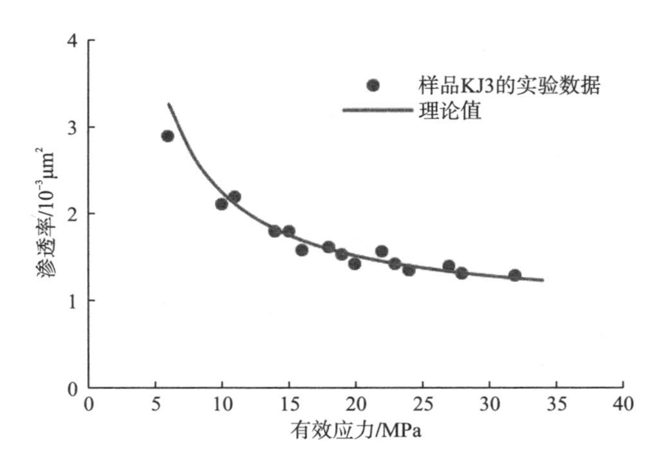

图 4-5 理论值与样品 KJ3 实验数据的拟合图

当初始渗透率为 $5.08\times10^{-3}\mu m^2$，弹性模量取 29GPa，裂缝法向刚度取 67.5GPa/m，裂缝开度为 0.17mm，基质块宽度取 1/12m 时，样品 KJ4 的实验数据与 SRV 区域渗透率模型的理论值拟合情况较好，如图 4-6 所示。

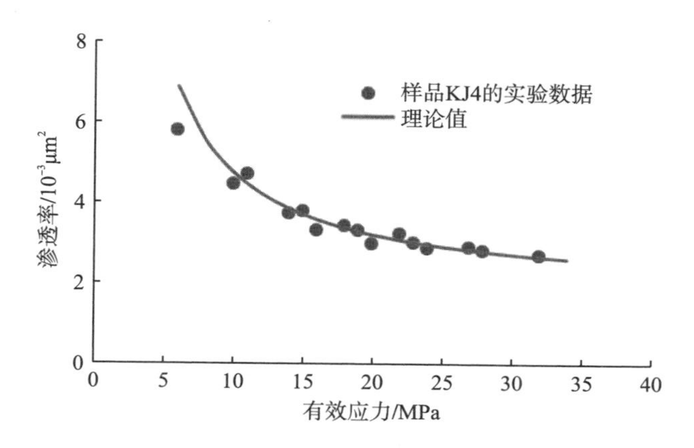

图 4-6　理论值与样品 KJ4 实验数据的拟合图

由图 4-5、图 4-6 可以看出，在一定的条件下，室内实验数据与 SRV 渗透率模型也能够较好地拟合。

3. 与经典模型对比验证

为进一步验证本节 SRV 渗透率模型的有效性，将其与经典的裂缝渗透率模型(S-D 模型)对比。在单轴应变条件下，S-D 模型中计算渗透率比值为

$$\frac{k_{\text{S-D}}}{k_{\text{f0}}}=\exp\left\{3c_{\text{f}}\left[\frac{v}{1-v}(p-p_0)+\frac{\varepsilon_{\text{L}}}{3}\left(\frac{E}{1-v}\right)\left(\frac{p_0}{p_{\text{L}}+p_0}-\frac{p}{p_{\text{L}}+p}\right)\right]\right\}^3 \tag{4-63}$$

式中，c_{f}——裂隙的体积压缩系数。

根据式(4-43)与式(4-44)，结合现场实际生产资料，可得到本节的 SRV 区域的渗透率模型与 S-D 模型的对比图，如图 4-7 所示。

由图 4-7 可以看出，两个模型的渗透率均随着有效应力的增加而呈指数规律下降，均与 San Juan 盆地的现场实际生产数据有较高的拟合程度，尤其是在有效应力较高的情况下；在低孔隙压力的条件下，本节的 SRV 区域的渗透率模型相较于 S-D 模型，能够更好地与实际情况拟合。分析原因，S-D 模型在推导过程中，假设在整个开采过程中，渗透率的变化仅受到水平应力变化的影响，这与实际情况存在一定差异，虽然页岩储层上覆岩层的厚度不变，但是在页岩气开采过程中，其孔隙压力在发生变化。本节模型不仅考虑了水平方向的应力影响，也考虑了法向应力的影响，同时考虑了裂缝开度等因素，因此本节模型在低孔隙压力的条件下拟合程度更好。

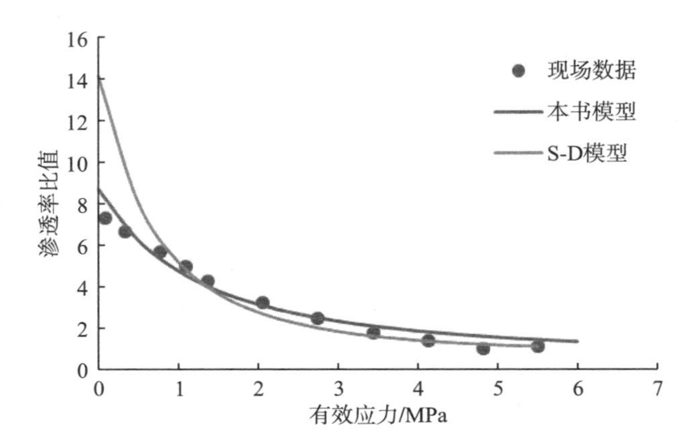

图 4-7　与经典 S-D 模型的对比图

4.1.4　储层 SRV 区域渗流数学模型

在前文中，推导了页岩储层双重孔隙介质的渗流场的控制方程(4-17)。在验证了 SRV 区域渗透率模型的合理性之后，分别将页岩基质与 SRV 区域的孔隙度、渗透率数学模型代入页岩气储层的方程(4-17)中，可以得到以下方程：

$$\rho_{\mathrm{mg}}\left|\begin{array}{l}\dfrac{\varphi_{\mathrm{m0}}}{p_{\mathrm{m}}}\exp\left\{\dfrac{1}{3K_{\mathrm{p}}}\left(1+\dfrac{b_0}{a_0}\right)\left[\dfrac{1+v}{1-v}(p_{\mathrm{m}}-p_{\mathrm{m0}})-\dfrac{2E}{3(1-v)}\dfrac{\varepsilon_{\mathrm{L}}p_{\mathrm{L}}(p_{\mathrm{m}}-p_{\mathrm{m0}})}{(p_{\mathrm{m}}+p_{\mathrm{L}})(p_{\mathrm{m0}}+p_{\mathrm{L}})}\right]\right\} \\ +\dfrac{\rho_{\mathrm{s}}p_{\mathrm{a}}V_{\mathrm{L}}p_{\mathrm{L}}}{p_{\mathrm{m}}(p_{\mathrm{m}}+p_{\mathrm{L}})^2}+\dfrac{1}{3K_{\mathrm{p}}}\left(1+\dfrac{b_0}{a_0}\right)\left[\dfrac{1+v}{1-v}-\dfrac{2E}{3(1-v)}\dfrac{\varepsilon_{\mathrm{L}}p_{\mathrm{L}}}{(p_{\mathrm{m}}+p_{\mathrm{L}})^2}\right]\varphi_{\mathrm{m0}} \\ \cdot\exp\left\{\dfrac{1}{3K_{\mathrm{p}}}\left(1+\dfrac{b_0}{a_0}\right)\left[\dfrac{1+v}{1-v}(p_{\mathrm{m}}-p_{\mathrm{m0}})-\dfrac{2E}{3(1-v)}\dfrac{\varepsilon_{\mathrm{L}}p_{\mathrm{L}}(p_{\mathrm{m}}-p_{\mathrm{m0}})}{(p_{\mathrm{m}}+p_{\mathrm{L}})(p_{\mathrm{m0}}+p_{\mathrm{L}})}\right]\right\}\end{array}\right|\frac{\partial p_{\mathrm{m}}}{\partial t}$$

$$+\nabla\exp\left\{\frac{1}{K_{\mathrm{p}}}\left(1+\frac{b_0}{a_0}\right)\left[\frac{1+v}{1-v}(p_{\mathrm{m}}-p_{\mathrm{m0}})-\frac{2E}{3(1-v)}\frac{\varepsilon_{\mathrm{L}}p_{\mathrm{L}}(p_{\mathrm{m}}-p_{\mathrm{m0}})}{(p_{\mathrm{m}}+p_{\mathrm{L}})(p_{\mathrm{m0}}+p_{\mathrm{L}})}\right]\right\}\left(-\frac{\rho_{\mathrm{mg}}}{\mu}\nabla p_{\mathrm{m}}\right)$$

$$=\omega\rho_{\mathrm{ga}}(p_{\mathrm{f}}-p_{\mathrm{m}}) \tag{4-64a}$$

$$\rho_{\mathrm{fg}}\frac{\varphi_{f0}}{p_{\mathrm{f}}}\exp\left[-\left(\frac{E}{3K_{\mathrm{f}}a_0}+\frac{E}{3K_{\mathrm{f}}b_0}\right)\frac{\varepsilon_{\mathrm{L}}p_{\mathrm{L}}(p_{\mathrm{m}}-p_{\mathrm{m0}})}{(p_{\mathrm{m}}+p_{\mathrm{L}})(p_{\mathrm{m0}}+p_{\mathrm{L}})}\right]\frac{\partial p_{\mathrm{f}}}{\partial t}$$

$$-\left(\frac{E}{3K_{\mathrm{f}}a_0}+\frac{E}{3K_{\mathrm{f}}b_0}\right)\frac{\varepsilon_{\mathrm{L}}p_{\mathrm{L}}\varphi_{\mathrm{f0}}\rho_{\mathrm{fg}}}{(p_{\mathrm{m}}+p_{\mathrm{L}})^2}\exp\left[-\left(\frac{E}{3K_{\mathrm{f}}a_0}+\frac{E}{3K_{\mathrm{f}}b_0}\right)\frac{\varepsilon_{\mathrm{L}}p_{\mathrm{L}}(p_{\mathrm{m}}-p_{\mathrm{m0}})}{(p_{\mathrm{m}}+p_{\mathrm{L}})(p_{\mathrm{m0}}+p_{\mathrm{L}})}\right]\frac{\partial p_{\mathrm{m}}}{\partial t}$$

$$+\nabla\exp\left[-\left(\frac{E}{K_{\mathrm{f}}a_0}+\frac{E}{K_{\mathrm{f}}b_0}\right)\frac{\varepsilon_{\mathrm{L}}p_{\mathrm{L}}(p_{\mathrm{m}}-p_{\mathrm{m0}})}{(p_{\mathrm{m}}+p_{\mathrm{L}})(p_{\mathrm{m0}}+p_{\mathrm{L}})}\right]\left(-\frac{\rho_{\mathrm{fg}}}{\mu}\nabla p_{\mathrm{f}}\right)=-\omega\rho_{\mathrm{ga}}(p_{\mathrm{f}}-p_{\mathrm{m}})$$

$$\tag{4-64b}$$

式(4-64a)与式(4-64b)即为页岩气储层的双重孔隙介质的渗流-应力耦合数学模型(图 4-8)。为了下一章节更好地进行 COMSOL 数值模拟，将两式简化为

$$\rho_{\mathrm{mg}} S_{\mathrm{m}} \frac{\partial p_{\mathrm{m}}}{\partial t} + \nabla\left(-\rho_{\mathrm{mg}} \frac{k_{\mathrm{m}}}{\mu} \nabla p_{\mathrm{m}}\right) = \omega \rho_{\mathrm{ga}} (p_{\mathrm{f}} - p_{\mathrm{m}}) \tag{4-65a}$$

$$\rho_{\mathrm{fg}} S_{\mathrm{f1}} \frac{\partial p_{\mathrm{f}}}{\partial t} + S_{\mathrm{f2}} \frac{\partial p_{\mathrm{m}}}{\partial t} + \nabla\left(-\rho_{\mathrm{fg}} \frac{k_{\mathrm{f}}}{\mu} \nabla p_{\mathrm{f}}\right) = -\omega \rho_{\mathrm{ga}} (p_{\mathrm{f}} - p_{\mathrm{m}}) \tag{4-65b}$$

式中，S_{m}——基质系统的储气系数；

S_{f}——裂缝系统的储气系数。

S_{m} 的计算公式如下：

$$S_{\mathrm{m}} = S_{\mathrm{m1}} + S_{\mathrm{m2}} + S_{\mathrm{m3}} \tag{4-66}$$

S_{m1}、S_{m2}、S_{m3} 分别为

$$S_{\mathrm{m1}} = \frac{\varphi_{\mathrm{m0}}}{p_{\mathrm{m}}} \exp\left\{\frac{1}{3K_{\mathrm{p}}}\left(1+\frac{b_0}{a_0}\right)\left[\frac{1+v}{1-v}(p_{\mathrm{m}} - p_{\mathrm{m0}}) - \frac{2E}{3(1-v)} \frac{\varepsilon_{\mathrm{L}} p_{\mathrm{L}} (p_{\mathrm{m}} - p_{\mathrm{m0}})}{(p_{\mathrm{m}} + p_{\mathrm{L}})(p_{\mathrm{m0}} + p_{\mathrm{L}})}\right]\right\} \tag{4-67}$$

$$S_{\mathrm{m2}} = \frac{\rho_{\mathrm{s}} p_{\mathrm{a}} V_{\mathrm{L}} p_{\mathrm{L}}}{p_{\mathrm{m}} (p_{\mathrm{m}} + p_{\mathrm{L}})^2} \tag{4-68}$$

$$S_{\mathrm{m3}} = \frac{1}{3K_{\mathrm{p}}}\left(1+\frac{b_0}{a_0}\right)\left[\frac{1+v}{1-v} - \frac{2E}{3(1-v)} \frac{\varepsilon_{\mathrm{L}} p_{\mathrm{L}}}{(p_{\mathrm{m}} + p_{\mathrm{L}})^2}\right] \varphi_{\mathrm{m0}} \exp\left\{\frac{1}{3K_{\mathrm{p}}}\left(1+\frac{b_0}{a_0}\right) \cdot \left[\frac{1+v}{1-v}(p_{\mathrm{m}} - p_{\mathrm{m0}}) - \frac{2E}{3(1-v)} \frac{\varepsilon_{\mathrm{L}} p_{\mathrm{L}} (p_{\mathrm{m}} - p_{\mathrm{m0}})}{(p_{\mathrm{m}} + p_{\mathrm{L}})(p_{\mathrm{m0}} + p_{\mathrm{L}})}\right]\right\} \tag{4-69}$$

S_{f1}、S_{f2} 分别为

$$S_{\mathrm{f1}} = \rho_{\mathrm{fg}} \frac{\varphi_{\mathrm{f0}}}{p_{\mathrm{f}}} \exp\left[-\left(\frac{E}{3K_{\mathrm{f}} a_0} + \frac{E}{3K_{\mathrm{f}} b_0}\right) \frac{\varepsilon_{\mathrm{L}} p_{\mathrm{L}} (p_{\mathrm{m}} - p_{\mathrm{m0}})}{(p_{\mathrm{m}} + p_{\mathrm{L}})(p_{\mathrm{m0}} + p_{\mathrm{L}})}\right] \tag{4-70}$$

$$S_{\mathrm{f2}} = \left(\frac{E}{3K_{\mathrm{f}} a_0} + \frac{E}{3K_{\mathrm{f}} b_0}\right) \frac{\varepsilon_{\mathrm{L}} p_{\mathrm{L}} \varphi_{\mathrm{f0}} \rho_{\mathrm{fg}}}{(p_{\mathrm{m}} + p_{\mathrm{L}})^2} \exp\left[-\left(\frac{E}{3K_{\mathrm{f}} a_0} + \frac{E}{3K_{\mathrm{f}} b_0}\right) \frac{\varepsilon_{\mathrm{L}} p_{\mathrm{L}} (p_{\mathrm{m}} - p_{\mathrm{m0}})}{(p_{\mathrm{m}} + p_{\mathrm{L}})(p_{\mathrm{m0}} + p_{\mathrm{L}})}\right] \tag{4-71}$$

分析式(4-65a)与式(4-65b)，方程左边的第一项表示基质系统与裂缝系统中孔隙度的影响；第二项则表示气体运移规律，基质块中，页岩气的运移遵循 Fick 定律，在裂缝系统中，则符合 Darcy 定律；方程的右边为基质系统与裂缝系统的质量交换。

由式(4-65a)、式(4-66)可以看出，基质系统中，影响孔隙度的因素主要由 3 部分组成：基质孔隙中的游离气、吸附解吸作用引起的基质块体积改变与有效应力的变化。由式(4-65b)可以看出，裂缝系统中，影响孔隙度的因素包括两部分：裂缝系统中的游离气和吸附解吸作用引起的基质块体积改变。

各因素间的相互作用如图 4-8 所示。根据应力场控制方程可知，随着页岩气的开采，储层压力降低，页岩地层的应力重分布，页岩地层的变形将改变基质的孔隙度和渗透率，进而影响页岩气储层的储存能力和运移特性。页岩气储层中气体流动将会对页岩裂隙中的页岩颗粒以及支撑剂施加一定的拖曳力，改变裂隙的法向刚度，导致裂隙张开度降低，同时裂隙的孔隙度和渗透率也发生相应的变化。由此可知，页岩气储层的变形会改变孔隙的微观结构。另外，储层压力变化会导致气体从页岩基质块孔隙的内表面解吸，页岩基质块收缩，同时基质孔隙度发生相应的变化，进而增大了裂隙的张开度，导致渗透率增大。因此气体解吸附也会改变页岩气储层中孔隙的微观结构。

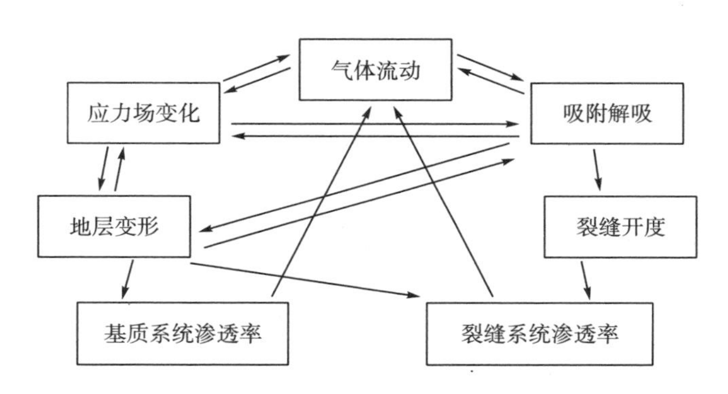

图 4-8 页岩气储层渗流-应力耦合过程

4.2 页岩气储层 SRV 区域流固耦合数值模拟

在上一节中推导出了页岩气储层 SRV 区域与基质系统的孔隙度、渗透率数学模型，并得到了页岩气储层的双重孔隙介质的渗流-应力耦合方程组。利用 COMSOL 数值模拟软件，建立恰当的物理模型，对耦合方程进行求解。归纳总结页岩气开采过程中，页岩气储层渗流场与应力场的变化规律，对比分析完整页岩气储层与裂缝页岩气储层的特点。

4.2.1　数值模型的建立与模拟方案

根据 4.1 节推导的数学模型，结合页岩气开采实际情况，给定数学模型求解的初始条件与边界条件。同时，建立数值模拟的几何模型，设定合理的计算参数，利用 COMSOL 中的 PDE 模块与固体力学模块，对完整页岩气储层与裂缝页岩气储层的渗流-应力耦合问题进行分析。

1. 数学模型定解条件

页岩基质-裂缝双重介质渗流场的方程组为

$$\rho_{\mathrm{mg}}S_{\mathrm{m}}\frac{\partial p_{\mathrm{m}}}{\partial t}+\nabla\left(-\rho_{\mathrm{mg}}\frac{k_{\mathrm{m}}}{\mu}\nabla p_{\mathrm{m}}\right)=\omega\rho_{\mathrm{ga}}(p_{\mathrm{f}}-p_{\mathrm{m}}) \tag{4-72a}$$

$$\rho_{\mathrm{fg}}S_{\mathrm{f1}}\frac{\partial p_{\mathrm{f}}}{\partial t}+S_{\mathrm{f2}}\frac{\partial p_{\mathrm{m}}}{\partial t}+\nabla\left(-\rho_{\mathrm{fg}}\frac{k_{\mathrm{f}}}{\mu}\nabla p_{\mathrm{f}}\right)=-\omega\rho_{\mathrm{ga}}(p_{\mathrm{f}}-p_{\mathrm{m}}) \tag{4-72b}$$

求解域内的初始条件为

$$p_{\mathrm{m}}\big|_{t=0}=p_{\mathrm{m}0} \tag{4-73}$$

$$p_{\mathrm{f}}\big|_{t=0}=p_{\mathrm{f}0} \tag{4-74}$$

式中，$p_{\mathrm{m}0}$、$p_{\mathrm{f}0}$——页岩气储层基质与裂缝系统的初始压力值。

边界条件为

$$p_{\mathrm{m}}=\overline{p}_{\mathrm{m}}(t)\text{；}\quad \vec{n}\frac{k_{\mathrm{m}}}{\mu}\nabla p_{\mathrm{m}}=\overline{Q}_{\mathrm{s}}^{\mathrm{m}}(t) \tag{4-75}$$

$$p_{\mathrm{f}}=\overline{p}_{\mathrm{f}}(t)\text{；}\quad \vec{n}\frac{k_{\mathrm{f}}}{\mu}\nabla p_{\mathrm{f}}=\overline{Q}_{\mathrm{s}}^{\mathrm{f}}(t) \tag{4-76}$$

式中，$\overline{p}(t)$——边界上的压力；

$\overline{Q}(t)$——边界上的气体流量。

页岩气储层的应力场控制方程为

$$Gu_{i,kk}+\frac{G}{1-2\nu}u_{k,ki}-\alpha p_{\mathrm{m},i}-\beta p_{\mathrm{f},i}-K\varepsilon_{\mathrm{s},i}+f_i=0 \tag{4-77}$$

求解域内的初始条件为

$$\sigma_{ij}\big|_{t=0}=\sigma_0 \tag{4-78}$$

$$u_i\big|_{t=0}=u_0 \tag{4-79}$$

式中，σ_0、u_0——应力与位移的初始值。

边界条件为

$$\sigma_{ij}n_j = \overline{f_i}(t) \tag{4-80}$$

$$u_i = \overline{u_i}(t) \tag{4-81}$$

式中，$\overline{f_i}(t)$、$\overline{u_i}(t)$——应力、位移的分量；

n_j—— 垂直于边界的法向矢量的方向余弦。

2. 数值模拟方案

1) 完整岩样

在推导渗透率与孔隙度变化模型时，假设在页岩气开采的过程中，页岩气储层处于单轴应变状态。因此，可以在 COMSOL 中建立如图 4-9 所示的完整页岩气储层几何模型。页岩气储层为 200m×200m 的正方形区域，区域中间为 0.1m 的页岩气井。

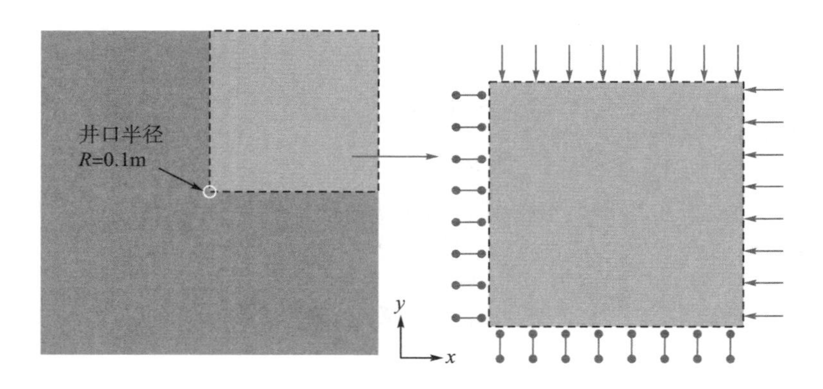

图 4-9　完整页岩气储层几何模型

根据图形的对称性，选取右上角四分之一的区域进行数值模拟。模型的左与下边界为辊支承，上边界与右边界受到地应力。页岩气井与大气相通，受到 0.1MPa 的压力，其余边界为无流动边界。

2) 裂缝岩样

根据现场实际生产状况，页岩气在水力压裂开采过程中，会形成“树枝状”裂缝网络区域。因此，在数值模拟过程中，将 SRV 区域简化成储层区域为 100m×50m 的长方形，长方形底边为水平井，*A* 点为压裂点，如图 4-10 所示。SRV 区域网络采用裂隙流计算，其余边界条件与完整岩样一致。

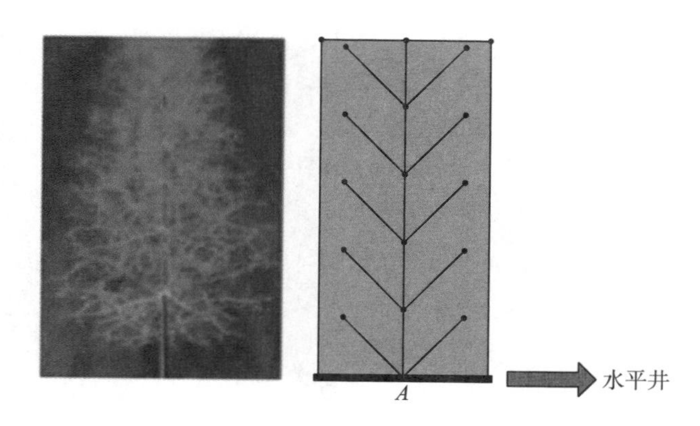

图 4-10　裂缝页岩气储层几何模型

3) 其他参数取值

储层地应力通过下式进行计算：

$$\sigma_z = \rho g h \tag{4-82}$$

式中，ρ——储层密度；

g——重力加速度；

h——储层埋深。

根据实验数据及文献调研，数值模拟过程中其余参数的取值见表 4-2。

表 4-2　各类参数取值

参数名称	参数取值	参数名称	参数取值
储层初始地层压力	8MPa	Langmuir 体积应变常数	0.01266
基质初始孔隙度	0.05	Langmuir 压力常数	4.3MPa
裂缝初始孔隙度	0.003	Langmuir 体积常数	$0.0285m^3/kg$
基质初始渗透率	$1\times10^{-20}m^2$	裂缝初始张开度	0.01mm
裂缝初始渗透率	$1\times10^{-15}m^2$	基质单元初始宽度	1/12m
页岩密度	$2500kg/m^3$	裂隙法向刚度	$1.15\times10^9MPa/m$
标况下 CH_4 密度	$0.717kg/m^3$	基质体积模量	11658MPa
CH_4 动力黏度	$1.84\times10^{-5}Pa\cdot s$	页岩弹性模量	29GPa
标准大气压	101.325kPa	泊松比	0.3

4.2.2　完整储层的流固耦合模拟

完整岩样的井口局部示意图如图 4-11 所示。

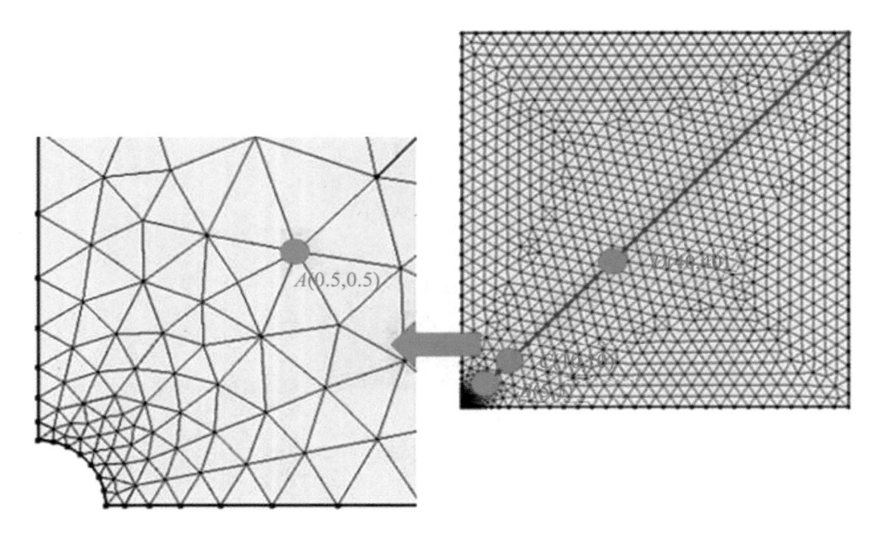

图 4-11 井口局部示意图

1. 储层压力随时间的变化规律

页岩气储层压力随时间的变化如图 4-12 所示。

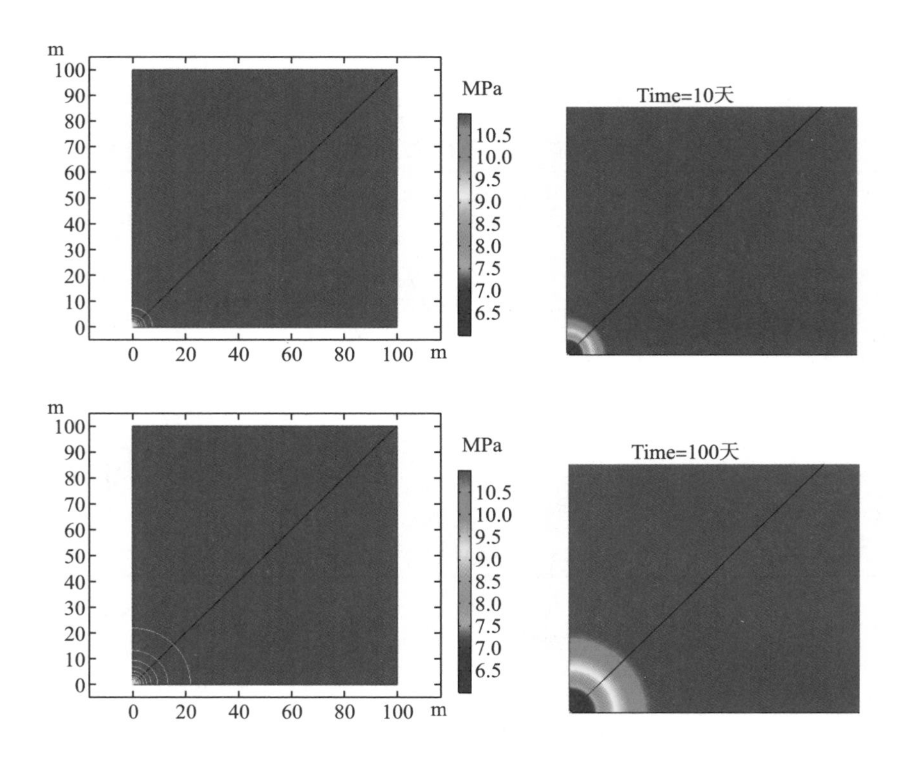

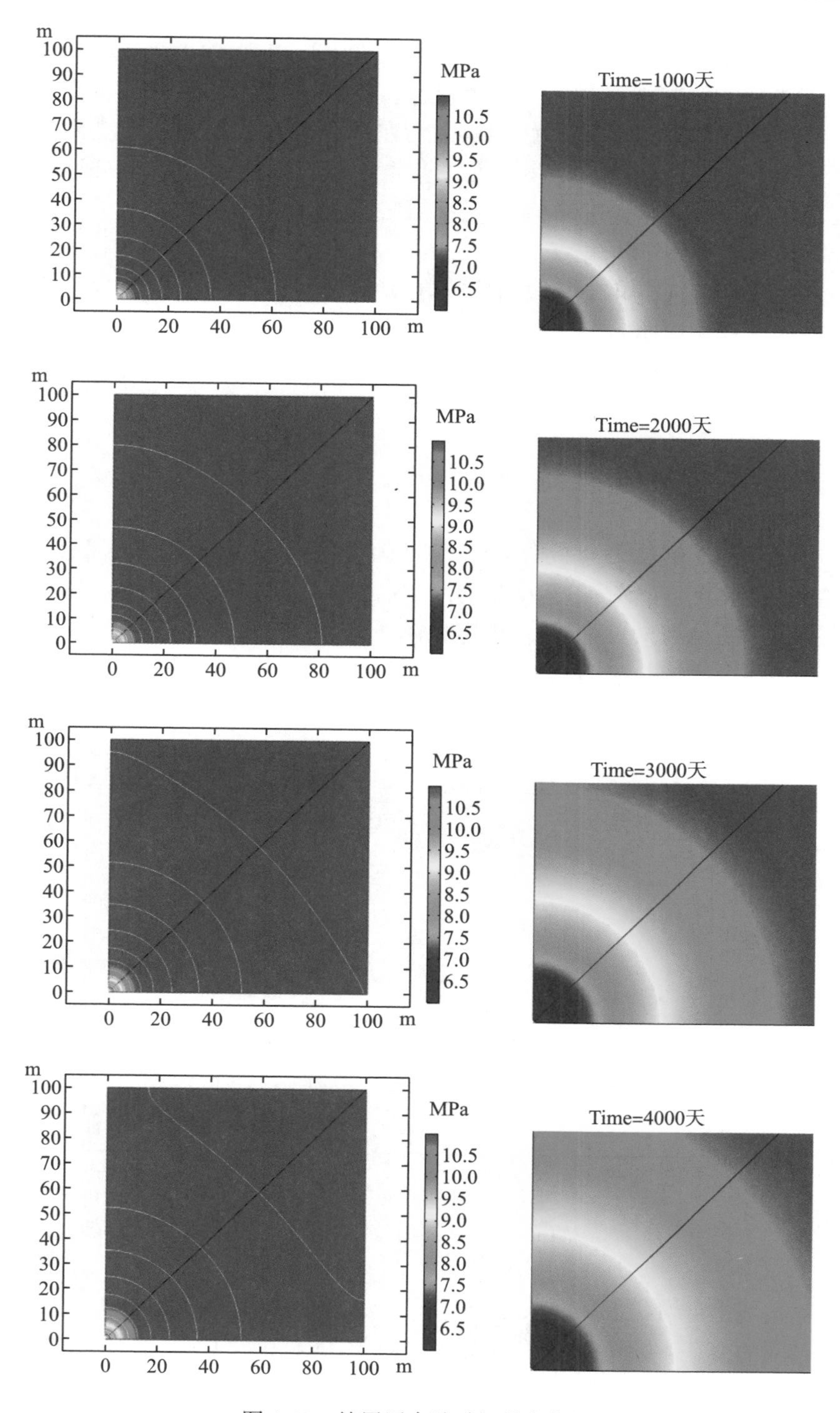

图 4-12　储层压力随时间的变化图

图 4-12 给出了页岩气储层在开采 10 天、100 天、1000 天、2000 天、3000 天、4000 天时的压力分布规律图，左侧为储层整体图，右侧为井口 10m 范围的压力示意图。为了更好地研究储层压力变化规律，在图中增加了 20 条储层孔隙压力的等值线。从图中可以看出，在页岩气开采过程中，孔隙压力沿井口向外逐渐增大，储层形成了明显的漏斗式压降。在远离井口位置，由于受到边界条件和外载荷的影响，孔隙压力分布不均匀。

对比开采末期远离井口区域和井口附近的孔隙压力可知，开采区域内各点的压力明显低于开采初期，表示页岩气开采已经到达开采区域边界处。说明，如果开采区域不局限于数值模拟设定范围，即扩大开采区域面积，则更远处的页岩气也将被开采出来。

2. 储层压力沿对角线的变化规律

为了更好地了解压力分布规律与页岩气运移规律，同时记录了储层压力沿模型对角线的变化图，如图 4-13 所示。压力梯度的存在，导致页岩气不断地流动到井口位置而不断地被采出。开采初期，孔隙压力与井口压力之间压力梯度差较大，页岩气流动速度较快，因而储层孔隙压力降低速度较快；在开采中期后，随着页岩气的采出，储层内气体减少导致孔隙压力降低，且与井口的压力差减小，因此孔隙压力降低速度减缓。

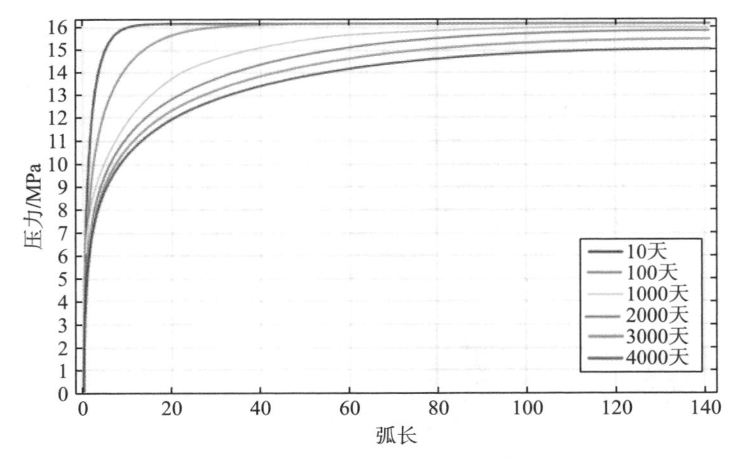

图 4-13 储层压力沿对角线的变化图

在对角线上取 $A(0.5，0.5)$、$B(5，5)$、$C(10，10)$、$D(40，40)$ 4 点，记录其压力随时间的变化，如图 4-14 所示。由图可知，四点处的压力随时间的增长而降低，距离井口越远，储层压力下降的速度越慢。A 点距离井口最近，该处的页岩气最先被采出。

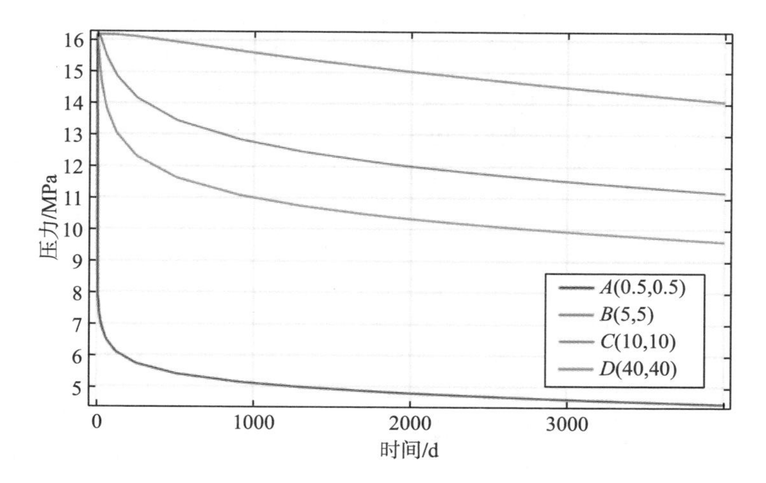

图 4-14　A、B、C、D 4 点压力随时间的变化图

3. 渗透率变化规律

图 4-15 给出了点 A(0.5，0.5)的储层压力随时间的变化图。在页岩气储层的开采初期，开采第 10 天时，A 点孔隙压力为 7.91MPa，开采至 100 天时，孔隙压力为 6.27MPa，孔隙压力下降了 20.7%；开采中期，开采至 1000 天时，孔隙压力为 5.12MPa，2000 天时，孔隙压力为 4.81MPa，下降了 6.1%；开采末期，第 4000 天时的孔隙压力比第 3000 天时的孔隙压力下降了 3.0%。A 点处的孔隙压力随时间的增长而降低，压力降低速度在页岩气藏开采的初期时最大。

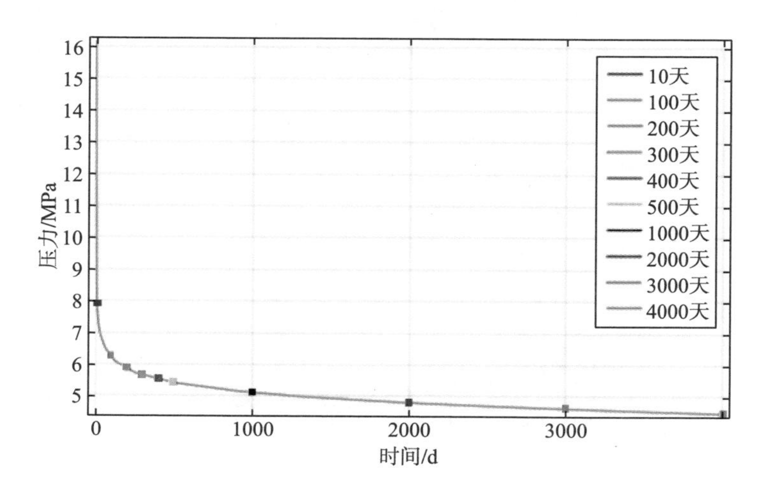

图 4-15　点 A(0.5，0.5)的压力随时间的变化图

为分析渗透率变化，从 COMSOL 中导出部分数据，计算渗透率比值。渗透率比值随孔隙压力的变化规律如图 4-16 所示。可以看出，储层的孔隙压力在页岩气藏开采过程中逐渐降低，而有效应力随之上升。有效应力的增加使页岩气储层被压缩，导致页岩气储层微裂隙被压缩，气体的流通通道变窄，因此，*A* 点处的渗透率降低。而随着页岩气逐渐被开采，气体的吸附解吸作用会导致页岩气储层的基质被压缩，气体的流通通道变宽。因此，开采初期的渗透率降低速度要高于开采后期。

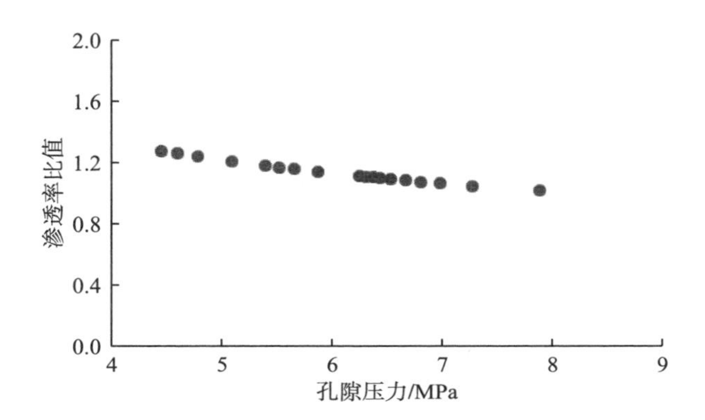

图 4-16 点 *A*(0.5，0.5)处渗透率比值随孔隙压力的变化图

4. 产量变化规律

从 COMSOL 中导出部分数据，计算模型产量。单井的日产气速率的变化规律如图 4-17 所示。可以看出，生产井的产气速率在开采初期急剧下降，开采一段时间以后，数值模拟得到的产气速率趋于稳定。

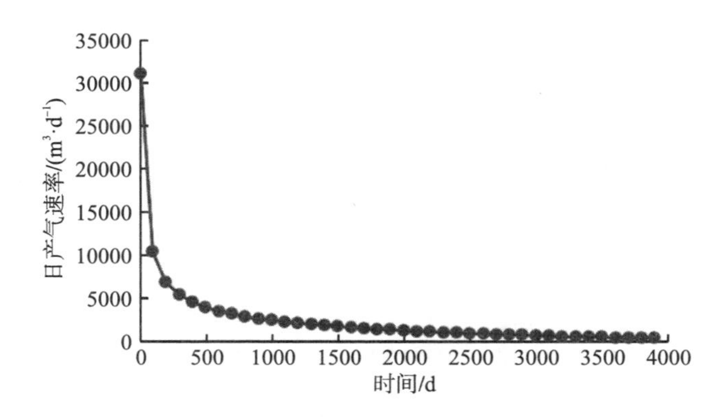

图 4-17 单井日产气速率

5. 不考虑耦合作用的完整页岩气储层数值模拟结果

图 4-18 给出了不考虑渗流-应力耦合作用时，页岩气储层在开采 10 天、100 天、1000 天、2000 天、3000 天、4000 天时的压力分布规律，左侧为储层整体图，右侧为井口 10m 范围的压力示意图。与耦合作用时类似，图中显示了 20 条压力等值线。不考虑耦合作用时，储层孔隙压力随时间的变化规律与耦合作用时的规律类似。

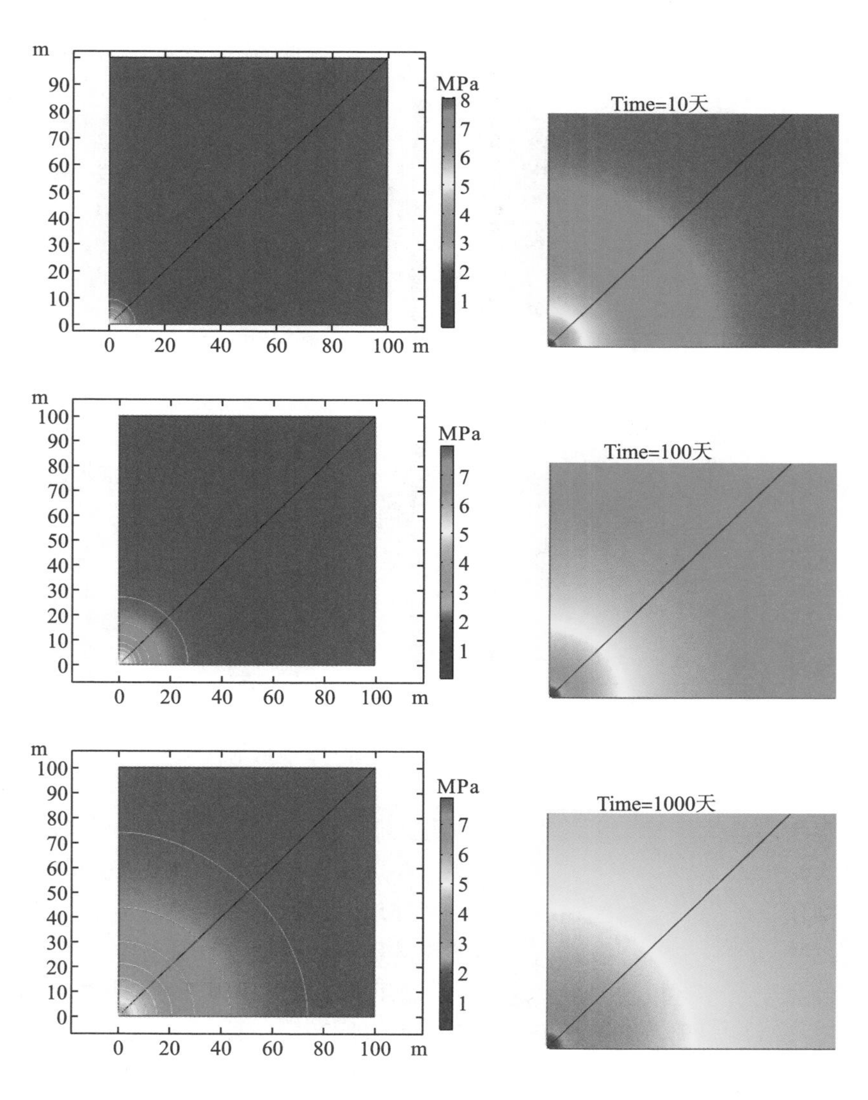

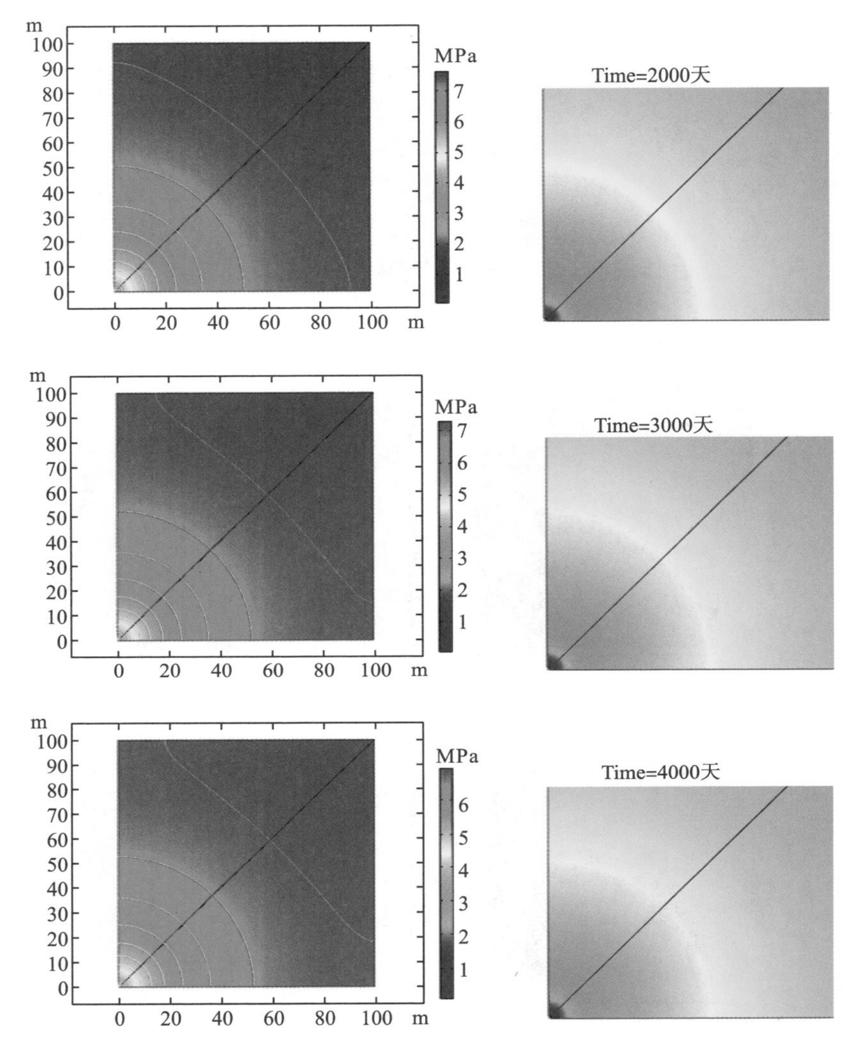

图 4-18 不考虑耦合作用时储层压力随时间的变化图

若仅考虑渗流场的作用，则页岩气开采过程中，储层的孔隙压力沿井口向外逐渐增大，储层形成明显的漏斗式压降。在远离井口位置，边界条件和外载荷会引起孔隙压力分布不均匀的情况出现。同样地，对比开采末期远离井口区域和井口附近的孔隙压力可知，开采区域内各点的压力明显低于开采初期，表示页岩气开采已经到达开采区域边界处。说明，如果开采区域不局限于数值模拟设定范围，即扩大开采区域面积，则更远处的页岩气也将被开采出来。

不考虑耦合作用的情况下，储层孔隙压力沿模型对角线的变化情况如图 4-19 所示。*A*、*B*、*C*、*D* 4 点压力随时间的变化规律如图 4-20 所示。可以发现，无论是否考虑耦合作用，页岩气储层压力的变化规律整体上是一致的。在开采初期，储层与井口的压差导致页岩气快速逸出，储层孔隙压力降低速度较快；在开采中期后，随着页岩气的采出，储层内气体减少导致孔隙压力降低，且与井口的压力差减小，因此孔隙压力降低速度减缓。离井口最近的区域页岩气最先被开采出来。

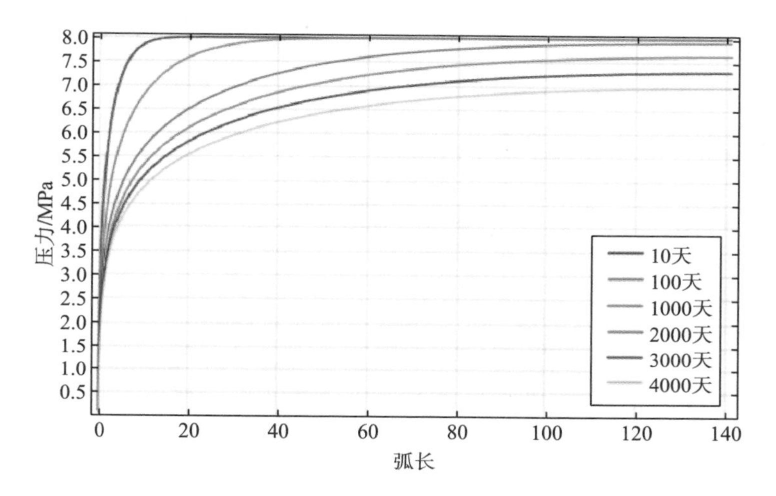

图 4-19　不考虑耦合作用时储层压力沿对角线的变化图

为了定量描述对比储层压力在渗流-应力耦合作用下与仅在渗流场作用下的区别，作出了点 B(5，5)处的压力值随时间变化的规律图，如图 4-21 所示。可以发现，两种情况下，点 B 处储层孔隙压力随时间的变化规律大体相似，但是，仅

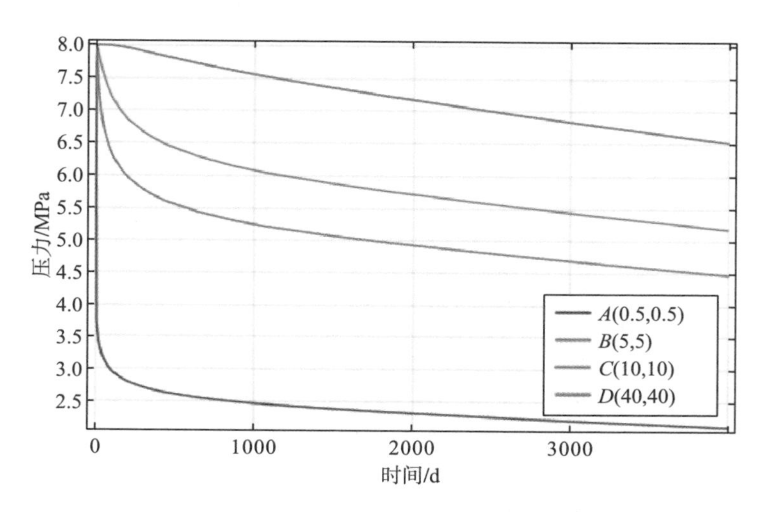

图 4-20　不考虑耦合作用时 A、B、C、D 4 四点储层压力随时间变化图

考虑渗流场作用时，*B* 点压力下降的速度稍快一些。为了定量分析储层压力下降速度，从 COMSOL 中导出两种情况下的储层压力数据，并计算孔隙压力的下降速度。表 4-3 给出了在不同时间点时两种情况下的孔隙压力及压力下降速度。

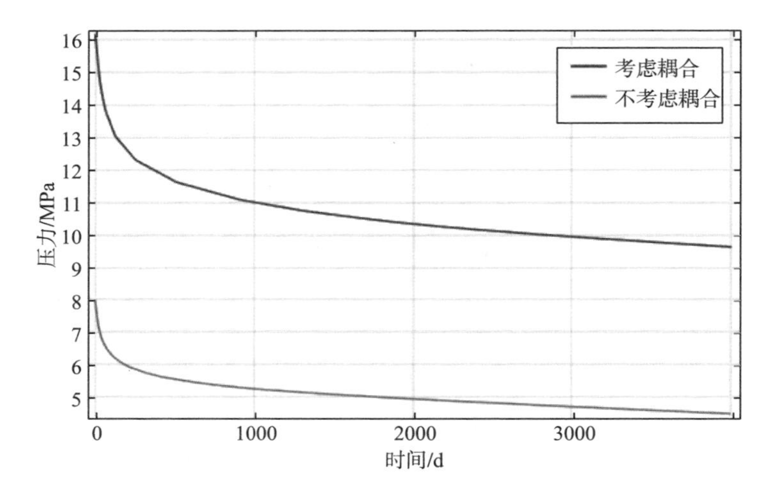

图 4-21 两种情况下点 *B* 处的储层压力随时间变化图

表 4-3 两种情况下点 *B* 处压力值及变化

时间/d	压力值/MPa		压力相对降低率/%		压力累计降低率/%	
	考虑耦合作用	不考虑耦合作用	考虑耦合作用	不考虑耦合作用	考虑耦合作用	不考虑耦合作用
0	16.1775	8.0000	—	—	—	—
10	15.6758	7.5720	3.10	5.35	3.10	5.35
20	15.1165	7.2222	3.57	4.62	6.56	9.72
30	14.6788	6.9999	2.90	3.08	9.26	12.50
40	14.3996	6.8323	1.90	2.39	10.99	14.60
50	14.1599	6.7063	1.66	1.85	12.47	16.17
60	13.9203	6.6075	1.69	1.47	13.95	17.41
70	13.7516	6.5258	1.21	1.24	15.00	18.43
80	13.6302	6.4441	0.88	1.25	15.75	19.45
90	13.5089	6.3828	0.89	0.95	16.50	20.22
100	13.3875	6.3239	0.90	0.92	17.25	20.95
200	12.6313	5.9679	5.65	5.63	21.92	25.40
300	12.1900	5.7784	3.49	3.18	24.65	27.77
400	11.9233	5.6429	2.19	2.34	26.30	29.46
500	11.6566	5.5495	2.24	1.66	27.95	30.63
600	11.5055	5.4703	1.30	1.43	28.88	31.62

续表

时间/d	压力值/MPa		压力相对降低率/%		压力累计降低率/%	
	考虑耦合作用	不考虑耦合作用	考虑耦合作用	不考虑耦合作用	考虑耦合作用	不考虑耦合作用
700	11.3701	5.4026	1.18	1.24	29.72	32.47
800	11.2347	5.3458	1.19	1.05	30.55	33.18
900	11.0994	5.2933	1.20	0.98	31.39	33.83
1000	11.0083	5.2490	0.82	0.84	31.95	34.39
1500	10.6250	5.0731	3.48	3.35	34.32	36.59
2000	10.3409	4.9350	2.67	2.72	36.08	38.31
2500	10.1254	4.8116	2.08	2.50	37.41	39.85
3000	9.9439	4.6964	1.79	2.39	38.53	41.29
3500	9.7807	4.5855	1.64	2.36	39.54	42.68
4000	9.6270	4.4785	1.57	2.33	40.49	44.02

在其他参数相同的情况下，若考虑流场与应力场的耦合作用，则上覆岩层压力为 25MPa 时，*B* 点在最初时刻，孔隙压力为 16.18MPa；若仅考虑流场作用，则 *B* 点的孔隙压力即为储层的初始压力值 8MPa。由于初始值不等，故分析压力的相对降低率。在页岩气开采的前 100 天，两种情况下的压力相对降低率如图 4-22、图 4-23 所示。

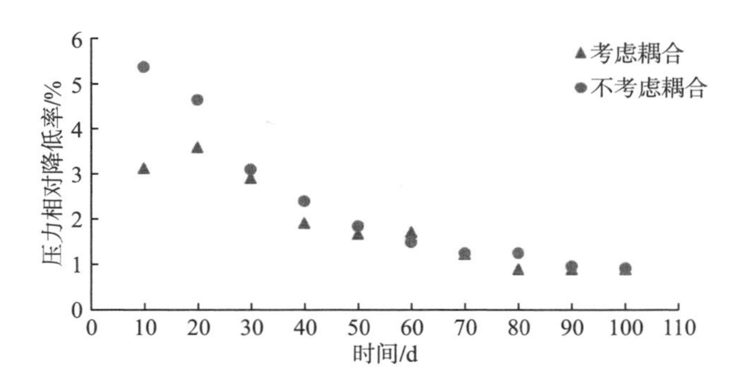

图 4-22　100 天内点 *B* 处的储层压力相对降低率图

由图 4-22 可以看出，开采初期，无论是否考虑耦合作用，储层孔隙压力均在逐渐降低。

当不考虑耦合作用时，压力相对下降速度随着页岩气的产出而逐渐变缓。在开采 10 天后，压力降低到 7.57MPa，相对于第 0 天，压力下降了 5.35%；在开采 100 天时，压力值为 6.32MPa，相对于第 90 天时，压力下降了 0.92%，相较于储层孔隙压力初始值，累计降低了 20.95%。

在渗流场与应力场的耦合作用下，储层压力相对降低速度呈波浪形下降。开采 10 天后，储层孔隙压力由 16.18MPa 下降到 15.68MPa，相对下降了 3.10%；在开采 100 天时，压力值为 13.39MPa，相对于第 90 天，下降了 0.90%，100 天内累计下降了 17.25%。

以 500 天为一个节点，分析开采后期 1500～4000 天内两种情况下的压力相对降低率，如图 4-23 所示。考虑耦合作用时，压力相对降低率较小。在开采至 4000 天时，压力降到 9.62MPa，累计下降了 40.49%。不考虑耦合作用时，压力累计下降 44.02%。

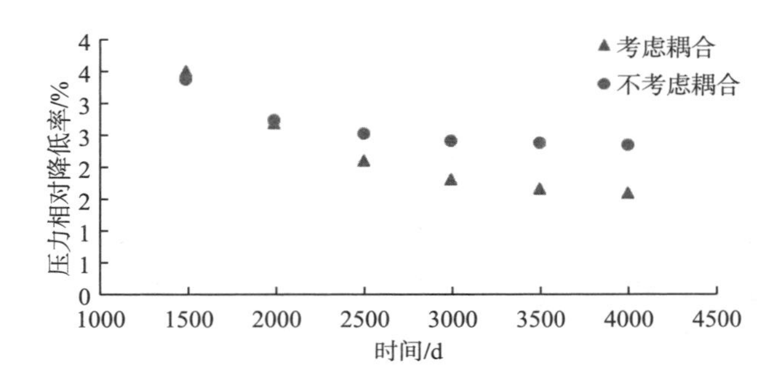

图 4-23 开采后期点 B 处的储层压力相对降低率图

计算两种情况下的单井日产气速率，如图 4-24 所示。

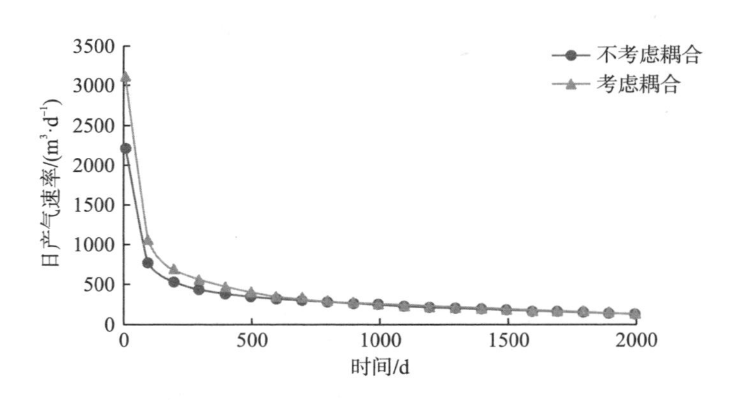

图 4-24 两种情况下日产气速率对比

综上所述，考虑耦合作用时，模型储层压力的初始大小、压力下降速度与仅考虑渗流场作用时存在差别。且在开采初期，日产气速率高于不耦合情况。开采中后期，两者速率趋于一致，因此，不考虑耦合情况时，会低估储层的产气量。

4.2.3　裂缝储层的流固耦合模拟

1. 储层应力变化规律

图 4-25 为裂缝储层压力随时间的变化规律，指出了页岩气储层在开采 10 天、100 天、1000 天、2000 天、3000 天和 4000 天时的压力分布规律。可以看出在裂缝储层页岩气开采过程中，储层孔隙压力沿井口向外逐渐增大，且与裂缝扩展的方向、形态有关。储层压力由井口沿着裂缝的延伸方向形成了明显的压降。同样地，对比开采末期远离井口区域和井口附近的孔隙压力可知，开采区域内各点的压力明显低于开采初期，表示页岩气开采已经到达开采区域边界处。说明，如果开采区域不局限于数值模拟设定范围，即扩大开采区域面积，则更远处的页岩气也将被开采出来。

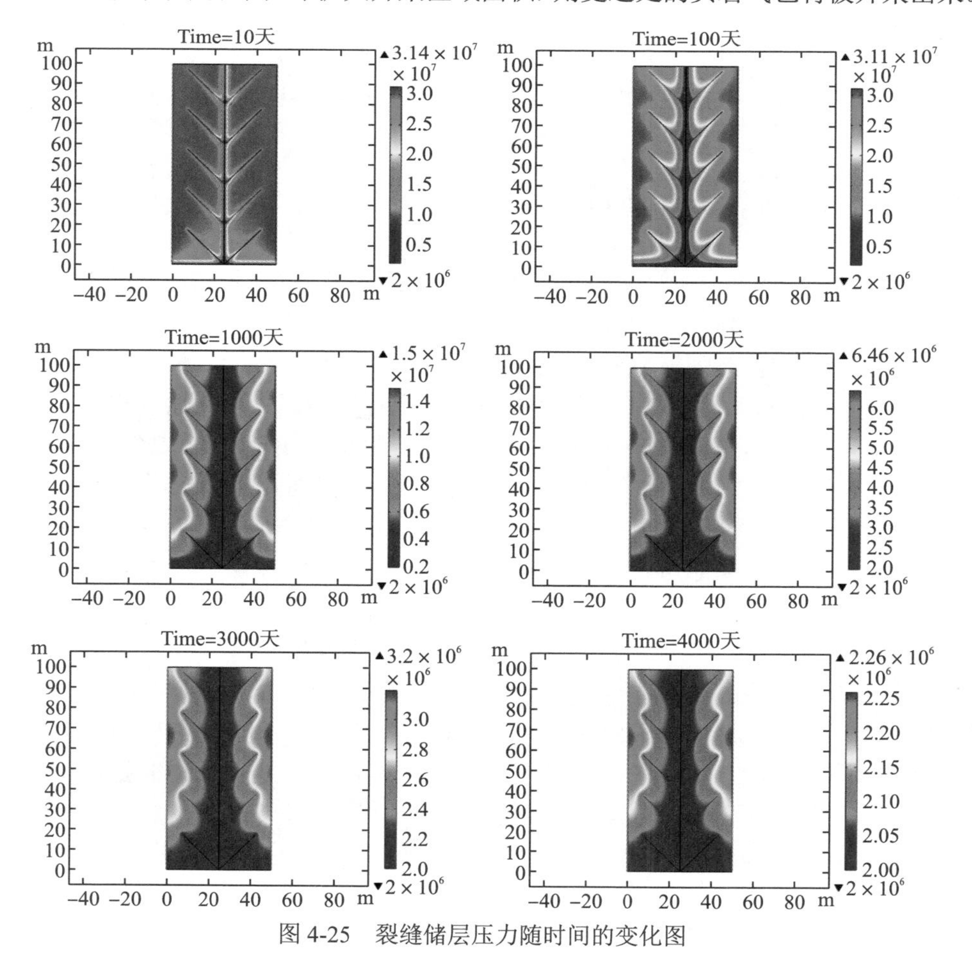

图 4-25　裂缝储层压力随时间的变化图

根据图 4-25 可以发现，开采初期，由于 SRV 区域中赋存于裂缝与孔隙中的游离气被迅速开采出，因此，储层压力下降速度较快；随着开采时间的增长，页岩气被不断开采出来，造成压力梯度下降，因此，产气速率逐渐降低。

分析页岩气储层压力沿模型纵向对称轴的变化规律，如图 4-26 所示。

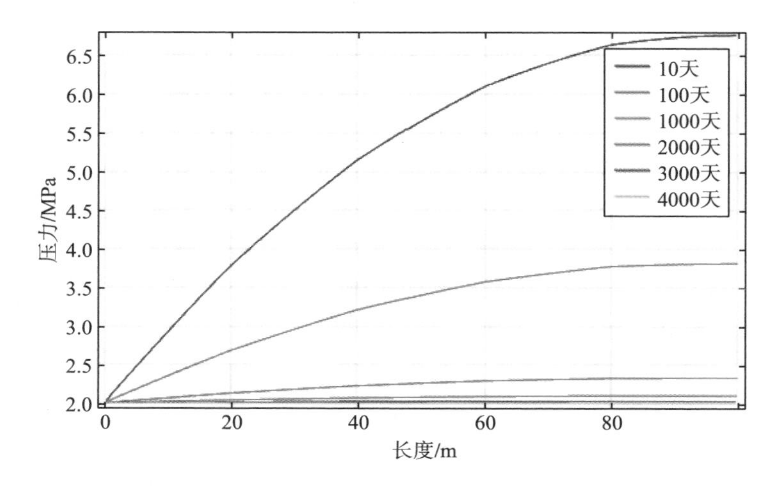

图 4-26 储层压力沿模型纵向对称轴的变化规律图

压力梯度的存在，导致页岩气不断地流动到井口位置而不断地被采出。开采初期，孔隙压力与井口压力之间压力梯度差较大，页岩气流动速度较快，因而储层孔隙压力降低速度较快；在开采中期后，随着页岩气的采出，储层内气体减少导致孔隙压力降低，且与井口的压力差减小，因此孔隙压力降低速度减缓。

为了更好地研究 SRV 区域在页岩气开采过程中储层压力的变化，取 $O(-0.1, 3)$、$A(-1, 3)$、$B(-5, 3)$、$C(-15, 3)$四点对比分析。其中，O 点距离裂缝较近，且位于两条裂缝之间；C 点距离裂缝较远。图 4-27 给出了四点压力随时间的变化规律。可以看出，从页岩气开采的过程来看，O、A、B、C 四点的储层压力变化表现出类似的变化趋势，均随着页岩气的开采而逐渐降低。但是，更为靠近 SRV 区域的 O 点，储层压力最先开始降低，降低速度更快。对于离裂缝较远的 C 点，储层压力下降速度最慢。通过对裂缝周围三点的研究，可以得出，对于裂缝储层，SRV 区域中的页岩气首先被开采出来，离 SRV 区域较远的储层区域，页岩气被开采的速度较为缓慢，这是由于裂缝区域的渗透率较大，远离裂缝区域的渗透率较小，赋存于此的页岩气需要花费更多的时间与成本才能被开采出。

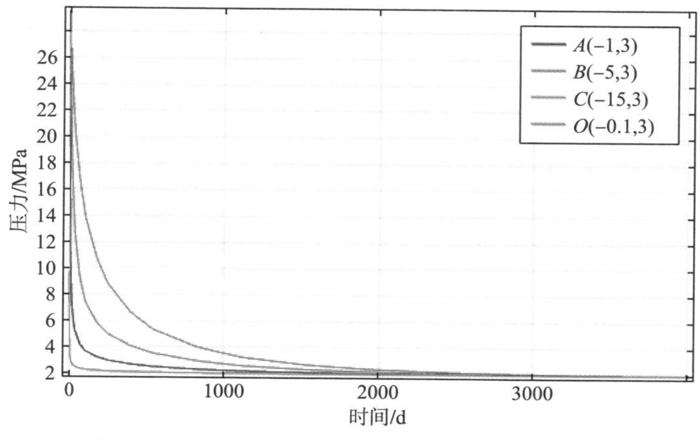

图 4-27　O、A、B、C 四点压力随时间的变化图

2. SRV 区域规律的裂缝展布特征对页岩气运移的影响

为研究 SRV 区域裂缝的展布特征对页岩气运移的影响，依次改变裂缝数量、裂缝角度与随机裂缝来分析储层压力的变化情况。

1) 裂缝数量的影响

改变裂缝页岩气储层模型中次级裂缝的数量，使次级裂缝的条数分别为 0、2、4、8 条，其余参数不发生改变，计算 2000 天时储层的压力情况，如图 4-28 所示。

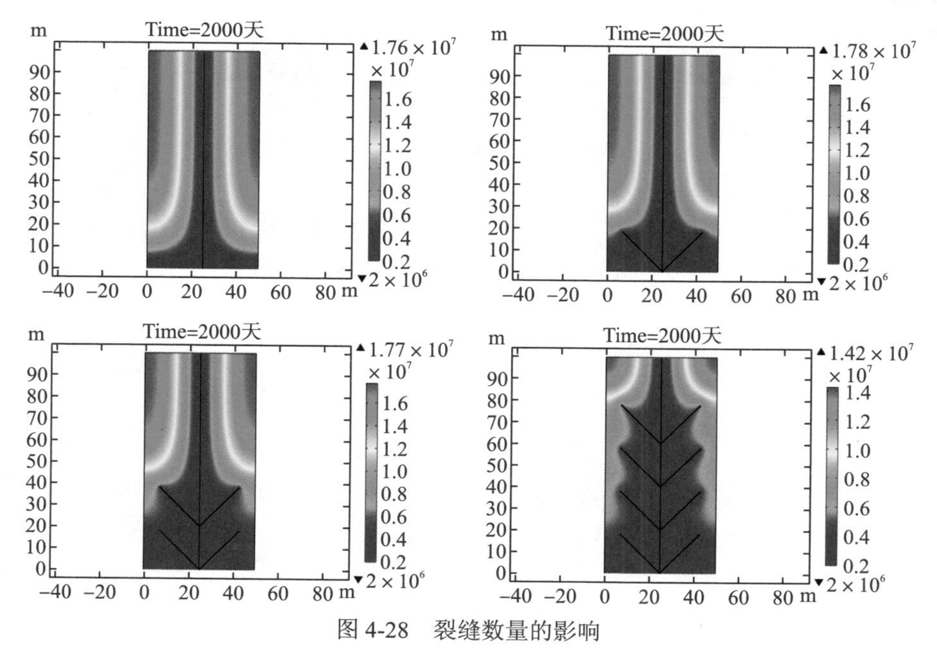

图 4-28　裂缝数量的影响

由图 4-28 可以明显看出，储层压力的变化范围与裂缝条数存在关系，随着裂缝条数的增加，储层压力下降的范围增大，即在同一时间内，SRV 区域越大，裂缝数量越多，越大范围的页岩气会被开采出来。

2) 裂缝角度的影响

改变次级裂缝与第一级裂缝的夹角，分析裂缝角度对储层压力的影响规律。其余参数条件不变，使次级裂缝与主裂缝的夹角为 15°、45°、60°、90°，计算 500 天时，裂缝储层的应力分布状况。结果如图 4-29 所示。

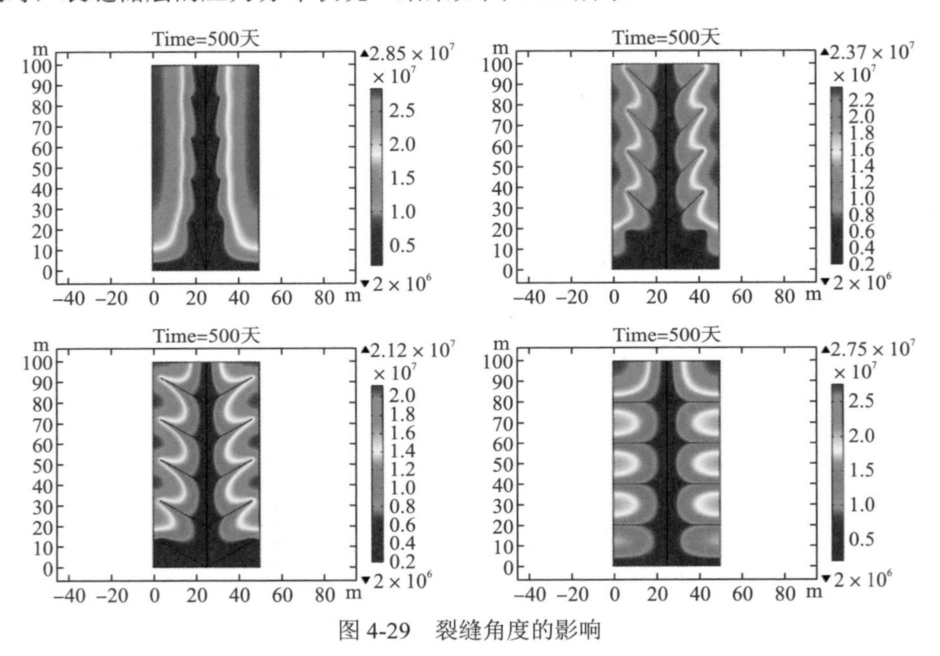

图 4-29　裂缝角度的影响

由图 4-29 可以发现，当其他参数取值不变时，储层压力下降的区域(即 SRV 区域)范围随着次级裂缝与主裂缝间角度的增大而增大。同一时刻，角度越小，次级裂缝与主裂缝之间夹角较小的一侧储层压力下降的幅度越大且下降速度越快；随着裂缝角度的增大，次级裂缝两边储层压力的下降情况趋于对称。

3. SRV 区域随机裂缝对页岩气运移的影响

实际生产中，储层条件复杂，裂缝形态也各式各样，裂缝网络的展布并未形成简单计算的特定规律，因此，可以随机设置裂缝角度与长度及数量，形成无规律的裂缝展布的储层形态，在随机裂缝条件下对 SRV 区域的储层压力分布规律进行分析。

随机设置 10 条次级裂缝，如图 4-30 所示。其余计算参数与规律的裂缝储层的基本参数一致。储层压力随时间的变化规律如图 4-31 所示。

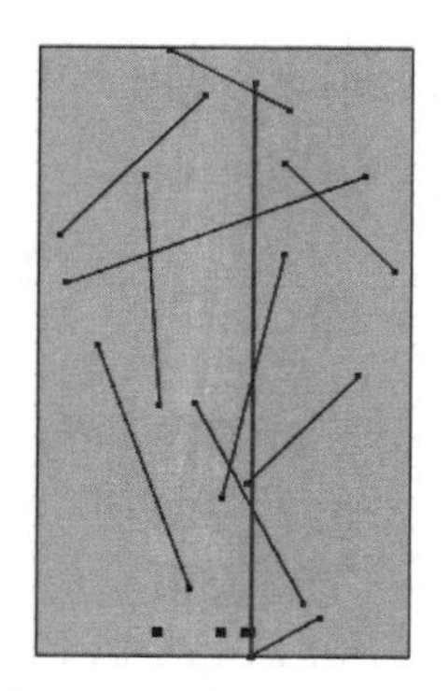

图 4-30　随机裂缝的分布

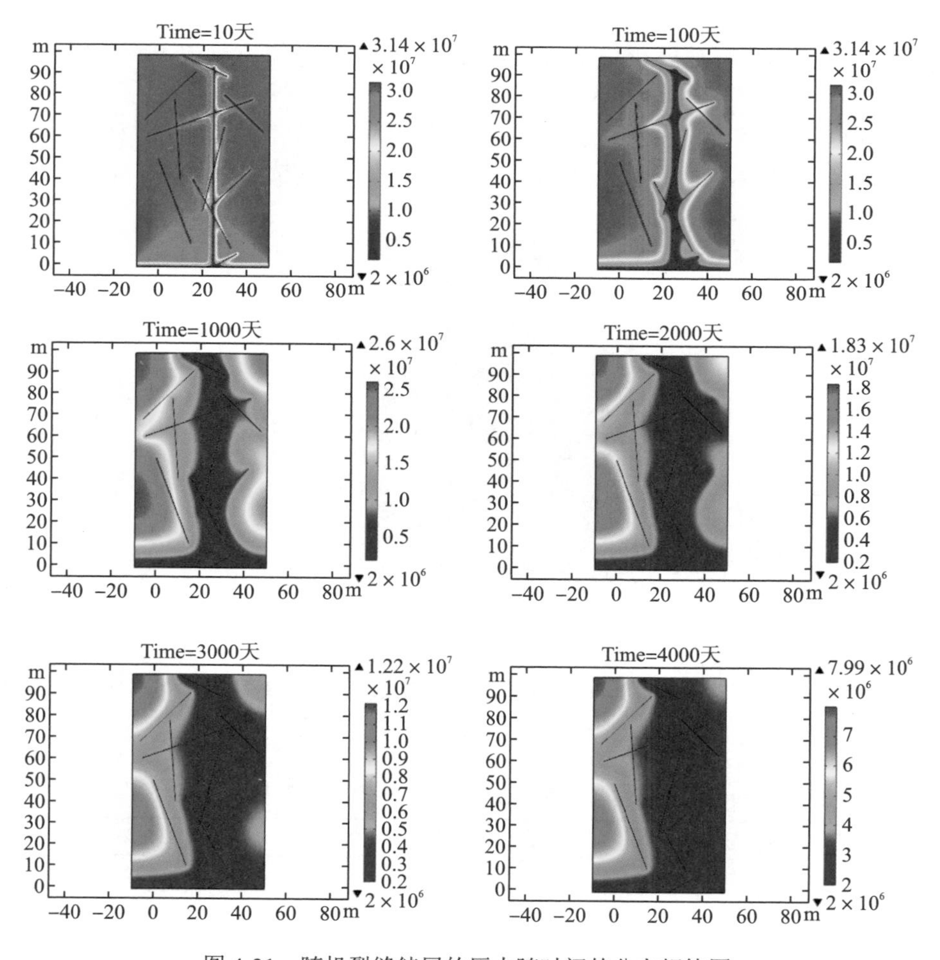

图 4-31　随机裂缝储层的压力随时间的分布规律图

图 4-31 给出了随机裂缝页岩气储层在开采 10 天、100 天、1000 天、2000 天、3000 天、4000 天时的压力分布规律图。压力分布规律与完整页岩气储层、规律裂缝展布储层存在以下几点类似。

(1)在页岩气开采过程中，储层孔隙压力沿井口向外逐渐增大，且与裂缝延伸的方向、形态有关。储层压力由井口沿着裂缝的延伸方向形成了明显的压降。与完整的页岩气储层计算结果类似，在远离井口位置，由于受到边界条件和外载荷的影响，孔隙压力分布不均匀，符合圣维南原理。

(2)对比开采末期远离井口区域和井口附近的孔隙压力可知，开采区域内各点的压力明显低于开采初期，表示页岩气开采已经到达开采区域边界处。说明，如果开采区域不局限于数值模拟设定范围，即扩大开采区域面积，则更远处的页岩气也将被开采出来。

(3)开采初期，由于 SRV 区域中赋存于裂缝与孔隙中的游离气被迅速开采出，因此，储层压力下降速度较快；随着开采时间的增长，页岩气被不断开采出来，造成压力梯度下降，因此，产气速率逐渐降低。

以 4000 天时为例，将上述随机裂缝储层按照横、纵坐标方向的对称轴分为 *A*、*B*、*C*、*D* 4 个区域，如图 4-32 所示。

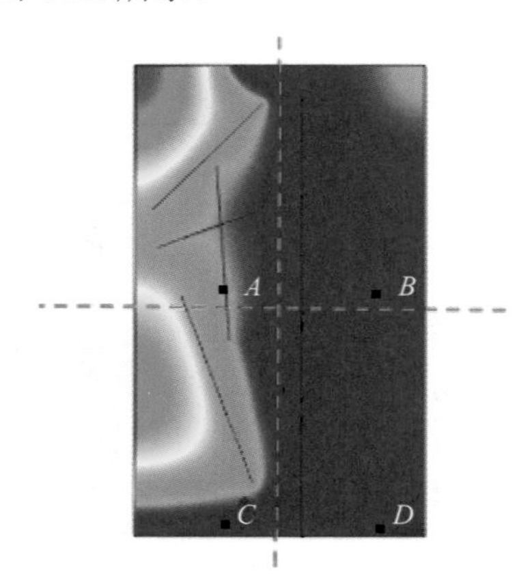

图 4-32 随机裂缝储层分区图

首先，分析并统计 *A*、*B*、*C*、*D* 4 个区域的裂缝条数与相交点数，得到表 4-4。其中，统计裂缝时，跨区域裂缝均做统计。

表 4-4 各区域裂缝条数与相交点数

区域名称	裂缝条数	相交点数
A	4	1
B	5	4
C	3	0
D	5	4

结合图、表可以发现 SRV 区域随机裂缝的储层压力分布特有的规律。

(1) 裂缝条数越多、相交点数越多，SRV 区域的范围越广。裂缝之间相互连通，页岩气“通道”变宽，使页岩气在开采过程中更顺利地被采出。这也是页岩气储层的应力在裂缝连通区域下降速度更快的原因。图中，*C* 区域裂缝条数仅为 3 条，储层压力变化区域相较于另外三个区域更小。*B*、*D* 两个区域不仅裂缝数量多，裂缝的相交点数也多，因此，当 *B*、*D* 两个区域的渗透性更佳时，储层压力下降速度更快，下降范围更大。

(2) 未与水力裂缝相交的裂缝，会使页岩运移规律发生改变。刚开采的初期阶段，页岩气渗流速度慢，当解吸区域遇到裂缝后，相较于完整页岩气储层，裂缝页岩气储层的 SRV 区域移动方向发生变化，即沿着裂缝的方向发生偏离，并且沿着裂缝方向的流动速度远大于其他区域。分析原因，由于页岩基质的渗透率远小于裂缝渗透率，因此，页岩气必然会通过裂缝，主要从渗透率高的 SRV 区域中流到生产井。图中 *A*、*C* 区域中不存在裂缝相交点，这是两区域与 *B*、*D* 区域的储层变化规律存在差异的原因。

(3) 裂缝相交角度越小时，次级裂缝与主裂缝之间夹角较小的一侧储层压力下降的幅度越大且下降速度越快；随着裂缝角度的增大，次级裂缝两边储层压力的下降情况趋于对称。

4.3 本章小结

以火柴棒模型为基础，结合页岩气的吸附解吸过程，建立了 SRV 区域的孔隙度渗透率数学模型。根据孔隙度的定义及孔隙度与渗透率间的立方关系，建立了页岩基质块的孔隙度与渗透率模型。对 SRV 区域渗透率模型的正确性进行了验证，构建了页岩气储层的双重孔隙介质的渗流-应力耦合模型。利用 COMSOL 数值模拟软件，根据现场实际生产状况，建立了完整页岩气储层与裂缝页岩气储层的渗流-应力耦合数值计算模型。

(1) 对于 SRV 区域的渗透率模型，用现场实际生产资料、瞬态压力脉冲法测得的室内试验数据对其进行拟合。拟合后发现，在一定的条件下，SRV 区域的渗透率模型与现场实际生产数据及室内试验数据拟合程度较好。将该模型与经典的 S-D 模型进行对比，发现在有效应力较小时，S-D 模型与生产实际数据拟合程度不如 SRV 区域渗透率模型的拟合程度，因为该模型假设渗透率仅与水平应力相关。

(2) 页岩气开采过程中，孔隙压力沿井口向外逐渐增大，储层形成了明显的漏斗式压降。在远离井口位置，由于受到边界条件和外载荷的影响，孔隙压力分布不均匀，符合圣维南原理。扩大开采区域面积，则更远处的页岩气也将被开采出来。开采初期，由于 SRV 区域中赋存于裂缝与孔隙中的游离气被迅速开采出，裂缝储层的压力下降迅速；随着开采时间的增长，页岩气被不断开采出来，造成压力梯度下降，产气速率逐渐降低，考虑耦合作用时，储层压力变化与实际情况更接近。

(3) 裂缝岩样储层与完整岩样储层在页岩气开采过程中，规律类似。井口周围的页岩气首先被开采出来，并且随着时间的增长，页岩气储层压力降低速度变缓，产气速率降低。对于规律的 SRV 区域，其大小与裂缝的数量、角度存在关系。随着裂缝条数的增加，储层压力下降的范围增大；当其他参数取值不变时，SRV 区域范围随着次级裂缝与主裂缝间角度的增大而增大。同一时刻，角度越小，次级裂缝与主裂缝之间夹角较小的一侧储层压力下降的幅度越大且下降速度越快；随着裂缝角度的增大，次级裂缝两边储层压力的下降情况趋于对称。

(4) 对于随机展布的裂缝，储层压力的变化规律与裂缝条数和裂缝相交点数密切相关。相交条数越多、相交的点数越多，储层压力下降的范围越大；当一条裂缝不与其他任何裂缝相交时，由于页岩基质的渗透率远小于裂缝渗透率，该条裂缝会影响 SRV 区域的扩展方向，使其沿着裂缝的方向发展。

第 5 章 页岩水力压裂试验与裂缝扩展规律

实际的页岩水力压裂生产过程非常复杂，涉及井筒和周围围岩的稳定性、携带支撑剂的压裂液注入岩层的起裂、扩展延伸以及裂缝面上的滤失、不同层位的渗流等诸多问题。通常，页岩气开采水力压裂现场很难见到深层页岩压裂开采时的状况，很难直接观测到水力裂缝起裂和扩展延伸的几何形态，但是通过室内真三轴水力压裂试验就能很好地模拟和观测水力裂缝的起裂和扩展规律，对现场生产具有很重要的参考价值。

采用四川南部的页岩露头，在辽宁工程技术大学的矿山液压技术与装备国家工程研究中心，完成页岩分级真三轴水力压裂试验，研究水压条件下预制双缝先后压裂的裂缝扩展延伸规律，探讨水力裂缝穿层扩展以及多级压裂水力裂缝扩展和延伸规律。

5.1 页岩多级水力压裂试验方案

5.1.1 试验方案

采用真三轴水力压裂物理模拟系统和声发射监测系统进行压裂试验。事先制备好页岩固井试样，放入三向加载室中按试验设计参数模拟地层三向应力；在注入压裂液的过程中，通过泵压记录仪和红外监测系统监测水压力和裂缝贯穿情况，并用声发射系统监测微地震信号，进行震源定位，实时监测水力裂缝的扩展情况。在压裂液中添加红色和绿色两种染色剂，便于区分两次分别压开的水力裂缝的扩展形态和轮廓，易于分析两次分别压开的水力裂缝扩展规律。试验加载方式是分两次加载水压力，首次加载 1 号井筒，压开后，停止压裂；第二次压裂 2 号井筒，压开后，也停止注入压裂液。试验方案中涉及的主要装置如图 5-1 所示。

1. 试样设计

页岩试样取自川东南地区下志留系龙马溪组的页岩露头，其岩心尺寸为 300mm×300mm×300mm。页岩试样的双井筒设计位于平行于层理面方向上且其所构成的平面将试样平分，1 号井筒和 2 号井筒的间距约为 80mm 或 110mm，与之对应的是，1 号井筒距上顶面和 2 号井筒距下底面的距离约为 110mm 或 95mm，设计井筒外直径为 10mm，内直径为 6mm，长度为 130mm，裸眼段为 40mm，共完成 3 组压裂试验。页岩试样设计如图 5-2 所示。

图 5-1 真三轴水力压裂物理模拟和声发射监测系统

2. 声发射动态监测布置

试验采用 4～5 个声发射探头布置在页岩试样表面，探头按数字顺序编号为 1～5 号，依次按数字顺序、按岩样上部下部顺序逆时针布置在页岩周围，确保页岩试样除去井筒所在顶面和底面，保证周围 4 个面至少布置一个声发射探头，以保证试验的过程中，数据能够有效地被采集，如图 5-3 所示。

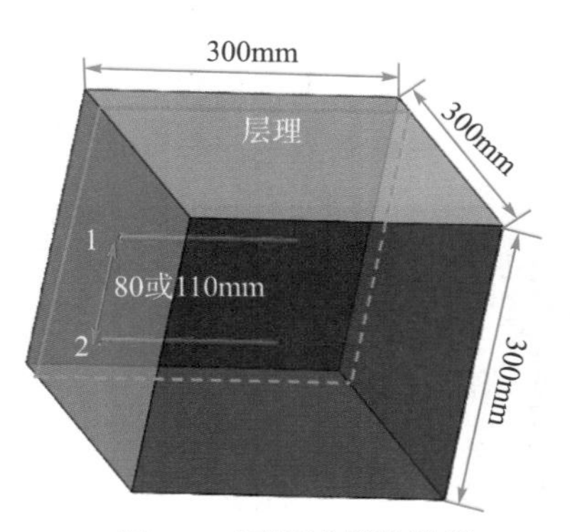

图 5-2 页岩试样设计图

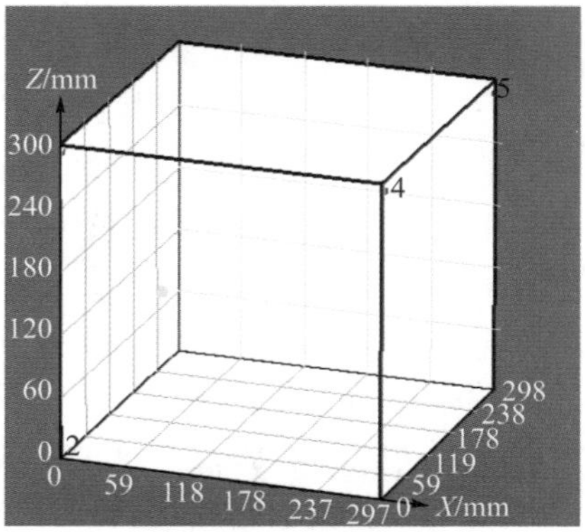

图 5-3 声发射探头布置图

3. 试验参数设计

试验参数设计见表 5-1。

表 5-1　水力压裂物理模拟试验参数

试样编号	井间距 /mm	垂直主应力 σ_v /MPa	水平大主应力 σ_H /MPa	水平小主应力 σ_h /MPa	排量 /(mL·min^{-1})	黏度 μ/(mPa·s)	钻孔方向
Y-2-6	80	25	10	10	10	50	水平双井
Y-3-7	80	10	12	9.6	10	50	水平双井

5.1.2　试验系统及设备

1. 真三轴水力压裂物理模拟系统

水力压裂物理模拟系统主要包括三向应力加载系统、水力伺服泵压注入系统、红外监测系统。

1) 三向应力加载系统

加载系统包括电液伺服压力机、三轴应力加载室、对试样施压的第一扁平千斤顶和第二扁平千斤顶及加载伺服系统控制箱，如图 5-4 所示。本系统可以稳压施加三向应力模拟地应力，能在水平最大主应力、水平最小主应力、垂向应力 3 个方向均匀地加载，可以很好地模拟现场压裂生产的地应力状态。

(a)应力加载室及两个扁平千斤顶

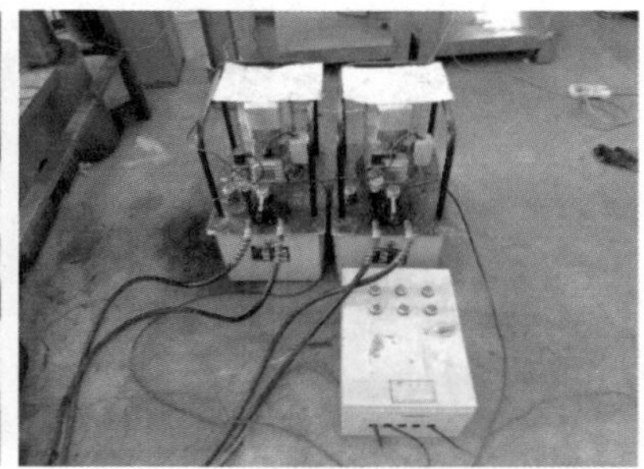

(b)水平应力加载控制箱

(c)电液伺服压力机及压力控制系统

图 5-4　三向应力加载系统示意图

2) 水力伺服泵压注入系统

水力伺服泵压注入系统主要包括空气压缩机、气液增压泵、压力传感器、数据记录仪、四通阀、中间容器、压裂液储存罐、压裂液传输管线以及固井后试样的高压管线注液接头，如图 5-5 所示。本系统通过手动控制空气压缩机旋钮和即时查看数据记录仪，来控制压力以实现缓慢加压，可以连续不断地注入压裂液，直至试样压裂。由于管线和中间容器的原因，此套泵送压裂液安全压力为 60MPa，压力传感器精度为 0.01MPa，压裂液有效容积为 800mL。

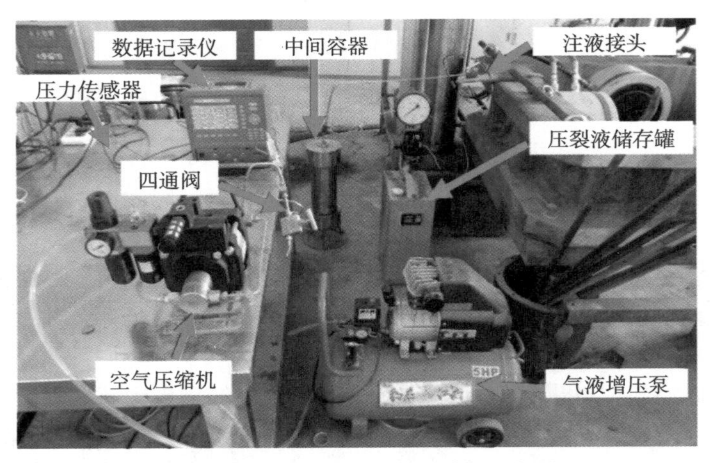

图 5-5 水力伺服泵压注入系统示意图

3) 红外监测系统

红外监测系统包括红外监测主机、红外摄像头，如图 5-6 所示。红外摄像头安装于所述三轴加载室上部四个顶角处，并通过无线网络与红外监测主机相连，打开主机监测软件即可观测即时监测画面，当红外摄像监控到压裂液从四个顶角处流出时，结合即时泵压数据记录仪器，即可判断水力裂缝贯通，缓慢卸载泵压至 0。

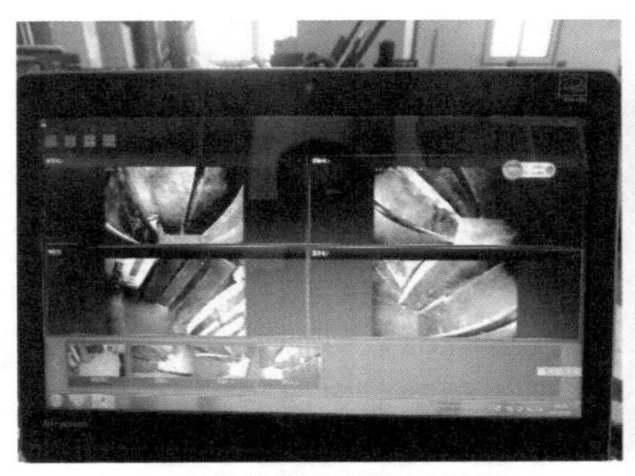

(a)红外监测主机显示界面

(b)红外摄像头分布示意图

图 5-6 红外监测系统示意图

2. 声发射采集控制系统

试验采用全信息声发射分析仪主机，可提供 8 通道，能够在加载过程中实现连续的声发射信号实时采集，系统配套 AEwin 软件对真三轴水力压裂物理模拟试验过程汇总的声发射(acoustic emission，AE)事件进行统计，并对其源参数进行计算以及定位，如图 5-7 所示。

(a)全信息声发射分析仪　(b)声发射采集系统显示界面

图 5-7　声发射系统示意图

5.1.3　试验步骤

(1)试样制备。

按照试验方案，制备出编号为 Y-2-6、Y-3-7 的页岩试样。

(2)记录试验前的裂缝状态。

为了更好地分析分级压裂水力裂缝的扩展规律，应在试验前将岩样的表面裂缝进行统计绘制，并对层理发育方向进行确定。

(3)安装声发射传感器和调试声发射参数。

试验采用 5 个传感器对岩样压裂过程进行监测和采集数据，在试样上部和下部分别布置 4 个和 1 个[图 5-8(a)]，试样传感器按照上下和顺时针分别编号为 1、2、3、4、5 号，确保大多数传感器能够有效地采集数据。传感器坐标均与 AEwin 软件坐标系相吻合，并根据其探头的位置在声发射操作系统中对应建立三维立体模型，以保证传感器坐标和其实际的位置一致。采用声发射断铅试验[图 5-8(b)]，合理设置参数来保证声发射信号的质量和准确性。

(4)制备压裂液。

将红色染色剂和绿色染色剂分别加入两个清水容器中，制备两种不同颜色的压裂液，以便区分试验后形成的水力裂缝的扩展轨迹。

(a)传感器布置位置示意图

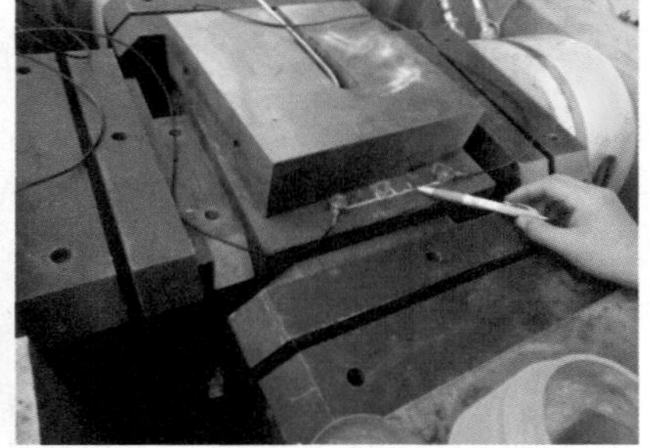

(b)声发射断铅试验

图 5-8　传感器布置示意图

(5) 安装红外摄像头装置。

(6) 施加三向应力。

按照试验方案，启动三向应力加载系统，施加对应岩样的地应力。

(7) 注入压裂液，打开声发射系统和红外监测系统。

将水力伺服泵压注入装置连接好，并开始注入压裂液，随即打开声发射监测系统和红外监测系统，对岩样进行微震监测，对岩样表面有无渗出液体进行监测。

(8) 试验结束。

待水压力出现骤降，并通过监控系统发现压裂液溢出，视为压裂完成，停止监控系统、水力压裂系统和声发射监控系统，物理模型试验机平稳卸载到 0，并对收集数据进行存储，对试样表面进行描述，与试验前试样相比较。

(9) 试样的剖切。

对试样进行剖切，通过压裂液中绿色或者红色示踪剂的分布，描述试样内部水力裂缝扩展规律。

5.2　首次压裂水力裂缝扩展规律

为便于分析，将编号为 Y-2-6、Y-3-7 的两个岩样设为岩样 1 和岩样 2。根据水力压裂方案，将岩样放入三向应力加载室进行水力压裂试验，对获得的泵压曲线、试验前后的表面裂缝及水力裂缝进行分析，获得首次加载形成的水力裂缝扩展规律。

5.2.1　岩样 1 首次压裂裂缝扩展规律

1. 1 号井筒的泵压曲线分析

如图 5-9 所示，为使试验能够更多地形成水力裂缝和沟通岩样内部微裂缝，Y-2-6 岩样采用阶梯式加载方式对页岩 1 号井筒注入液体加压，缓慢加压至岩石破裂贯通，卸载液体压力至 0。由图可知，第一次加载泵压的时间为 850s，峰值应力为 24.7MPa，同时，根据加载时泵压能不断地增长可以判断，泵压曲线的剧烈波动可能是由于水力裂缝沟通层理等天然弱面和水力裂缝在扩展过程中压裂液在裂缝面上的滤失。

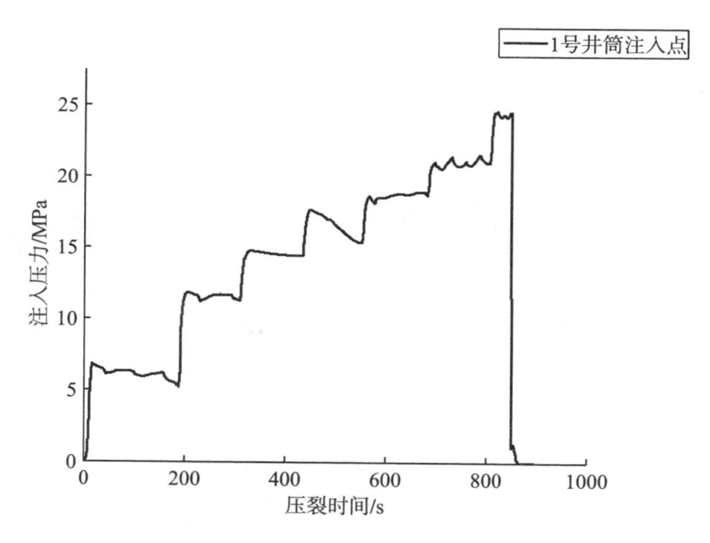

图 5-9　Y-2-6 岩样首次加载 1 号井筒泵压曲线示意图

2. 1 号井筒加载前后的裂缝对比分析

1)加载前的表面裂缝

为了更好地分析压后水力裂缝的扩展规律，必须在试验前真实地记录岩样的表面裂缝形态，将岩样 1 用清水冲洗干净，待岩样表面蒸干时，用白色油漆笔标记表面裂缝的形态，然后用高清相机拍下岩样各面的表面裂缝，最后利用各面重建试验前页岩岩样的模型并将其展开形成页岩空间展开图，如图 5-10 所示。其中，1 面和 6 面、2 面和 4 面、3 面和 5 面皆为对面。

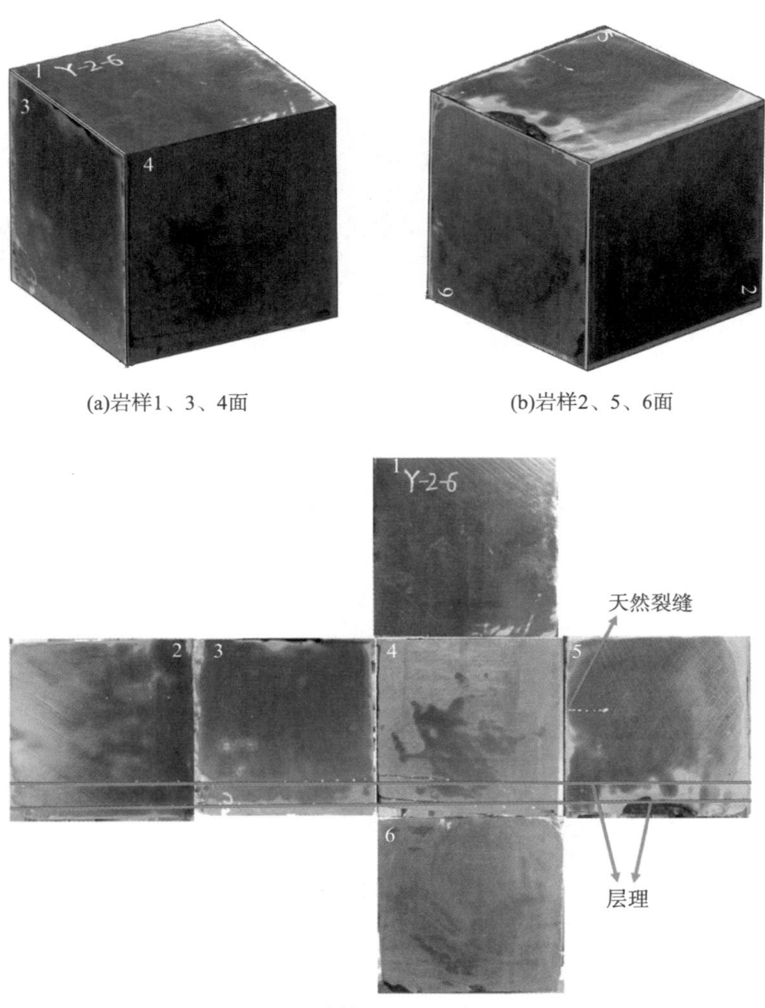

(a)岩样1、3、4面

(b)岩样2、5、6面

(c)岩样空间展开图

图 5-10　Y-2-6 岩样试验前表面裂缝

由图 5-10 可知，岩样 1 中 1 面和 6 面未发现明显裂缝，但 2、3、4、5 面有两条明显的几乎贯通的水平层理缝，天然裂缝总体分布较少。

2) 加载后的表面裂缝

将压后的岩样洗净，用高清相机拍下压后岩样各表面产生的裂缝，利用各面重建首次加载后页岩试样的模型并将其展开形成页岩空间展开图，如图 5-11 所示。

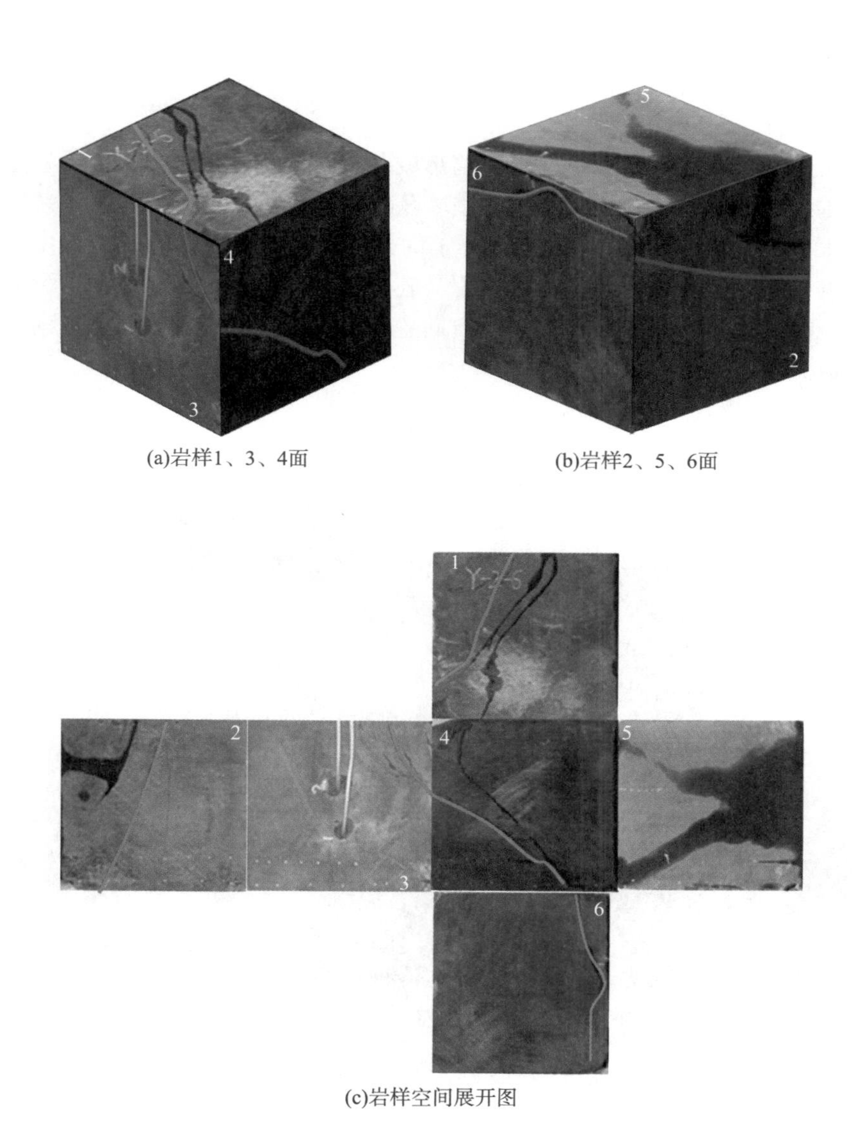

(a)岩样1、3、4面　　(b)岩样2、5、6面

(c)岩样空间展开图

图 5-11　Y-2-6 岩样试验后表面裂缝

红色弧线代表形成 1 号主裂缝的表面裂缝。由图 5-11 可知，1 号主裂缝面贯通了 1、2、3、4、6 面，其裂缝表面为弯曲的连续弧面。1 号主裂缝的扩展方向比较复杂，但其主要和最小主应力方向呈大角度锐角或近垂直，总体呈现沿最大主应力方向扩展。

3. 水力裂缝剖切分析

为了进一步探索首次加载 1 号井筒形成的水力裂缝扩展规律，需要将压后试样沿着主裂缝剖开，结合示踪剂的轨迹以及颜色深浅找到水力裂缝的主裂缝面，并描述水力裂缝的扩展规律。页岩试样 1 的剖分过程如图 5-12 所示。图中红色的弧线代表 1 号水力裂缝的轨迹，并根据其表面裂缝形态可以得知，水力裂缝的整体扩展规律是 1 号水力裂缝面的扩展方向主要沿着垂直于最小主应力方向，总体呈现沿最大主应力方向扩展。

(a)压裂后岩样表面水力裂缝

(b)剖开后1号水力裂缝面轮廓

(c)1号水力裂缝面展开图

(d)1号裂缝面局部

(e)沿层理展开图

图 5-12　岩样 1 水力裂缝面剖开过程图

沿着红色压裂液的痕迹，页岩岩样先沿着 1 号水力裂缝面剖开，如图 5-12(a)和图 5-12(b)所示。可以看出，红色压裂液的扩展路径主要沿着和层理面相交为 60°～90°的方向进行扩展，形成的 1 号主裂缝面的扩展方向大体和最大主应力方向一致。图 5-12(c)为 1 号水力裂缝面展开图，明显可以发现裂缝面呈弧形分布，沿 1 号井筒向下扩展的角度明显小于沿 1 号井筒向上扩展的角度。由图 5-12(d)和图 5-12(e)明显可以发现 1 号水力裂缝面在向下扩展的过程中遇到了层理，打开层理发现了大量未干的压裂液，说明水力裂缝在穿过层理的过程中又沟通了层理面。说明 1 号井筒向下扩展的弧度比向上扩展的弧度小，是由于 1 号井筒下方的层理等弱结构面影响较大所致。总之，水力裂缝的转向主要是由内部弱面存在所致，其易向此处扩展，形成复杂裂缝网络。

5.2.2　岩样 2 首次压裂裂缝扩展规律

1. 首次加载 1 号井筒的泵压曲线分析

如图 5-13 所示，岩样 2 加载 1 号井筒的方式和岩样 1 一致。其首次加载 1 号井筒泵压的时间为 1300s，峰值应力为 36.8MPa，同时，根据加载时泵压能不断地增长可以判断，泵压曲线的剧烈波动可能是由于水力裂缝沟通层理等天然弱面和水力裂缝在扩展过程中压裂液在裂缝面上的滤失。

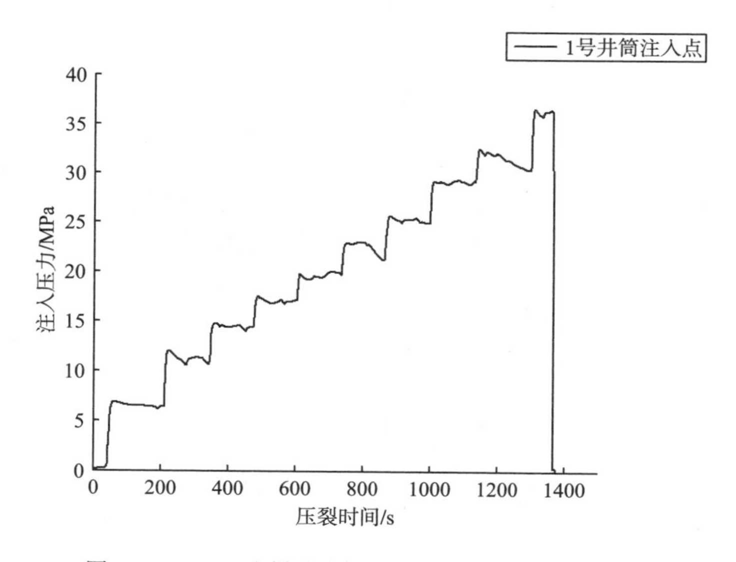

图 5-13　Y-3-7 岩样首次加载 1 号井筒泵压曲线示意图

2. 首次加载 1 号井筒前后的裂缝对比分析

1) 岩样 2 首次加载前的表面裂缝

由图 5-14 可知，岩样 1、6 面未发现明显裂缝，但 2、3、4、5 面有一条明显的几乎贯通的水平层理缝，天然裂缝分布较为稀少。

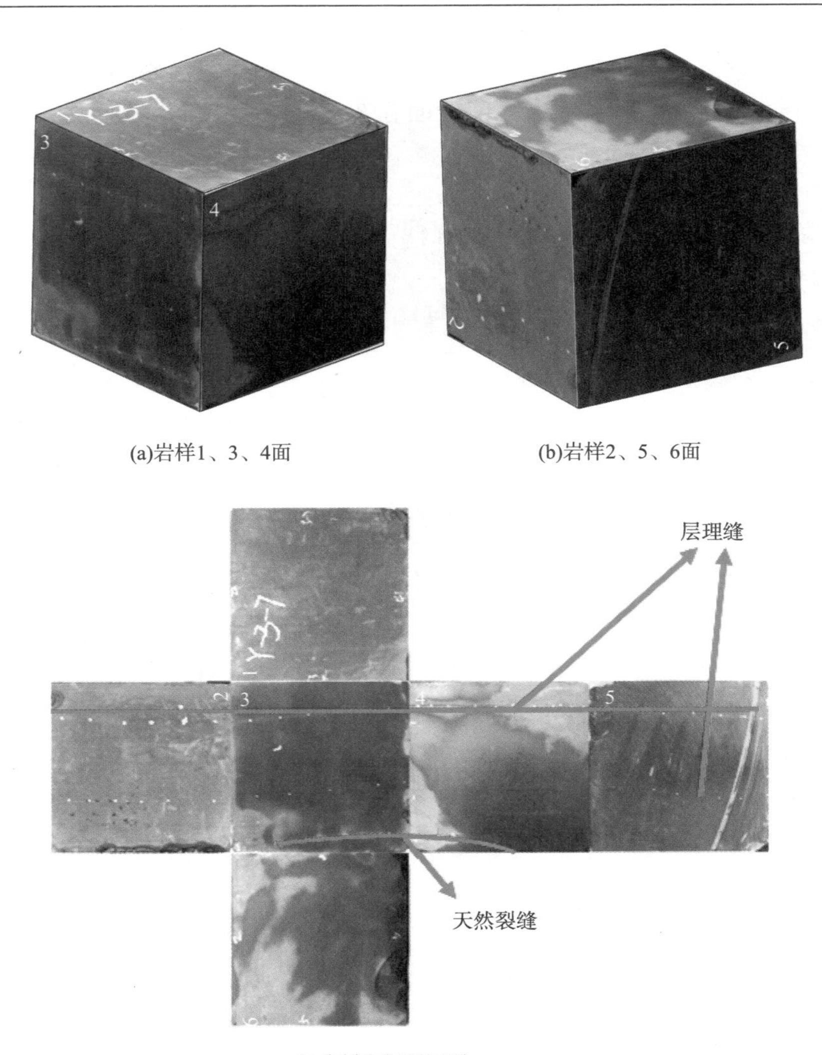

(a)岩样1、3、4面

(b)岩样2、5、6面

(c)岩样空间展开图

图 5-14 Y-3-7 岩样试验前裂缝形态

2) 岩样 2 首次加载后的表面裂缝

岩样 2 首次加载后的表面裂缝如图 5-15 所示。图中，红色弧线代表 1 号水力裂缝的表面裂缝。由图 5-15 可知，1 号主裂缝贯通了 1、2、4、6 面，其裂缝表面为弯曲的连续弧面，其形成的 1 号主裂缝面扩展方向主要是和最小主应力方向呈大角度锐角或近垂直，垂直于井筒方向，总体呈现沿最大主应力方向扩展。形成的横向裂缝最大可能贯穿储层，可以提高页岩气的产量。

(a)岩样1、3、4面　　(b)岩样2、5、6面

(c)岩样空间展开图

图 5-15　Y-3-7 岩样试验后裂缝形态

3. 首次加载 1 号井筒的水力裂缝剖切分析

页岩岩样 2 的剖分过程如图 5-16 所示。根据表面裂缝形态，水力裂缝的整体扩展规律是 1 号水力裂缝的扩展方向主要垂直于最小主应力方向，总体呈现沿最大主应力方向扩展。

沿着红色压裂液的痕迹，页岩试样先沿着 1 号水力裂缝面剖开，如图 5-16(a)和图 5-16(b)所示。可以看出，红色压裂液的扩展路径主要沿着和层理面相交为 50°～90°的方向进行扩展，形成的 1 号主裂缝面的扩展方向基本和最大主应力方向一致。图 5-16(c)为 1 号水力裂缝面展开图，明显可以发现裂缝面呈弯曲的弧形分布，水力裂缝发生了一定程度的偏转，和岩样 1 一致，1 号井筒向下扩展的弧度比向上扩展的弧度小，同时发现 1 号水力裂缝面在向下扩展的过程中遇到了层理并直接贯穿了层理。层理等弱结构面影响了水力裂缝的扩展幅度。如图 5-16(d)所示，打开层理发现无压裂液的痕迹，验证了结论的正确性。水力裂缝的转向主要是由内部弱面存在所致，其易向此处扩展，形成复杂缝网。

(a)压裂后岩样表面1号水力裂缝

(b)剖开后1号水力裂缝面轮廓

(c)1号水力裂缝面展开图

(d)沿层理展开图

图 5-16 Y-3-7 岩样 1 号水力裂缝面剖开过程图

5.3 二次压裂水力裂缝扩展规律

岩样经过首次加载 1 号井筒压开后，随即变换压裂液的颜色(绿色)，然后开始二次压裂 2 号井筒，采用和加载 1 号井筒相同的方式使其压开。试验后对获得的泵压曲线、试验前后的表面裂缝，以及形成的水力裂缝面进行分析，获得岩样 2 号井筒形成的水力裂缝的扩展延伸规律。

5.3.1　岩样 1 二次压裂裂缝扩展规律

1. 二次压裂的泵压曲线分析

如图 5-17 所示，岩样 1 同样采用阶梯式加载方式对页岩 2 号井筒注入液体加压，缓慢加压至岩石破裂贯通，卸载液体压力至 0。由图可知，第二次压裂泵压的时间为 900s，峰值应力为 23.7MPa，泵压曲线的剧烈波动可能是由于水力裂缝沟通层理等天然弱面和水力裂缝在扩展过程中压裂液在裂缝面上的滤失。

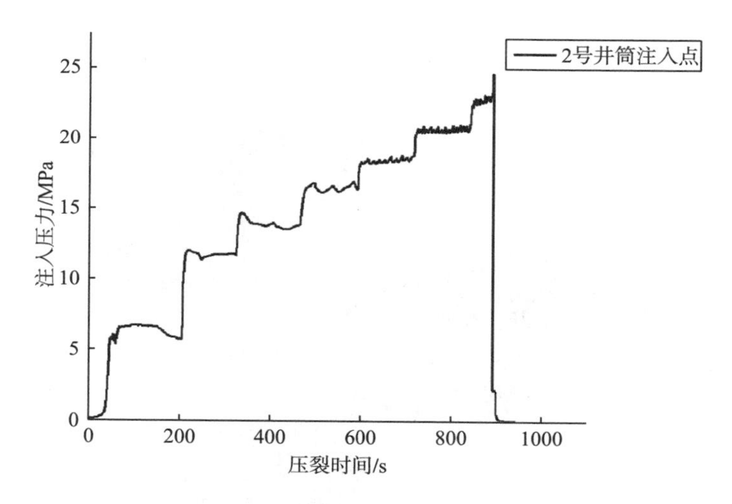

图 5-17　Y-2-6 岩样二次压裂 2 号井筒泵压曲线

2. 二次压裂前后表面裂缝对比分析

1) 岩样 1 首次加载后的表面裂缝

岩样 1 首次加载后的表面裂缝如图 5-11 所示，这里不再赘述。

2) 岩样 1 二次压裂后的表面裂缝

岩样 1 二次压裂后的表面裂缝如图 5-18 所示。图中，黄色线代表 2 号水力裂缝的表面裂缝。由图可知，2 号主裂缝面贯通了 1、2、4、6 面。其中，6 面的表面裂缝和 1 号水力裂缝形成的表面裂缝一致。其裂缝表面为弯曲的连续弧面，并贯穿层理缝。2 号主裂缝面的扩展方向和最小主应力方向呈大角度锐角或近垂直，总体偏向最大主应力方向扩展。和 1 号主裂缝扩展方向相比，2 号主裂缝形成的锐角角度明显更小，更偏离最大主应力方向扩展。

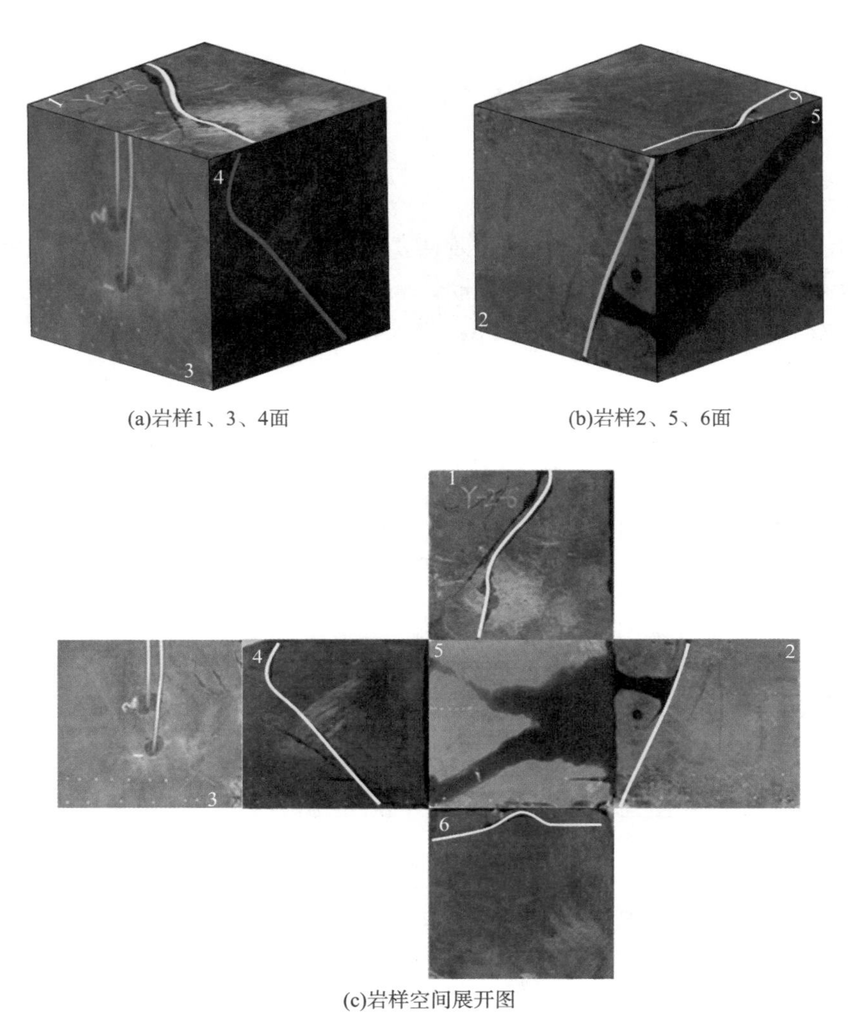

(a)岩样1、3、4面

(b)岩样2、5、6面

(c)岩样空间展开图

图 5-18　岩样 1 试验后 2 号主裂缝形态

3. 二次压裂的水力裂缝剖切分析

为了研究第二次压裂 2 号井筒形成的水力裂缝的扩展规律，需要将压后岩样沿着主裂缝剖开，结合绿色示踪剂的轨迹以及颜色深浅找到水力裂缝的主裂缝面，进而描述水力裂缝的扩展规律。如图 5-19 所示，根据表面裂缝形态，2 号水力裂缝面的扩展方向和最小主应力方向呈大角度锐角，总体偏向最大主应力方向扩展。

图 5-19(a)～(c)为 2 号水力裂缝的发现、剖开过程，可以看出 2 号水力裂缝主要是沿着和层理面相交为 60°～90°的方向进行不规则扩展，其扩展方向较 1 号

主裂缝而言，更接近最大主应力方向扩展。由图 5-19(d)可知，水力裂缝在扩展过程中贯通了层理面。2 号水力裂缝呈现不规则连续弧面，其扩展方向和扩展形态明显受到 1 号水力裂缝和地应力状态的综合影响。

(a)压裂后岩样表面2号水力裂缝

(b)剖开后2号水力裂缝面轮廓

(c)2号水力裂缝面展开图

(d)2号裂缝面局部图

图 5-19　岩样 1 的 2 号水力裂缝面剖开过程图

5.3.2　岩样 2 二次压裂裂缝扩展规律

1. 二次压裂的泵压曲线分析

如图 5-20 所示，岩样 2 同样采用阶梯式加载方式对页岩 2 号井筒注入液体加压，缓慢加压至岩石破裂贯通，卸载液体压力至 0。由图可知，第一次压裂泵压的时间为 1300s，峰值应力为 36.8MPa，同时，易可以获得，泵压曲线的剧烈波动可能是由于水力裂缝沟通层理等天然弱面和水力裂缝在扩展过程中压裂液在裂缝面上的滤失。

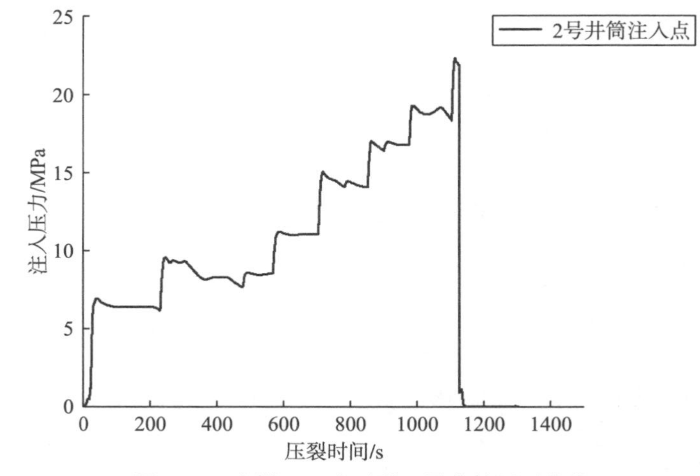

图 5-20 岩样 2 二次压裂 2 号井筒泵压曲线

2. 二次压裂前后表面裂缝对比分析

1) 岩样 2 首次加载后的表面裂缝

岩样 2 首次加载后的表面裂缝如图 5-15 所示，这里不再赘述。

2) 岩样 2 二次压裂后的表面裂缝

岩样 2 二次压裂后的表面裂缝如图 5-21 所示。图中，黄色弧线代表 2 号水力裂缝的表面裂缝。由图可知，2 号主裂缝面贯通了 1、2、4、6 面，其中，4 面为 1 号水力裂缝和 2 号水力裂缝形成的共用表面裂缝，其裂缝表面为弯曲的连续弧面，并贯穿层理缝。2 号主裂缝面的扩展方向和最小主应力方向呈大角度锐角或近垂直，总体偏向最大主应力方向扩展。和 1 号主裂缝扩展方向相比，2 号主裂缝形成的锐角角度明显更小，更偏离最大主应力方向扩展。

(a)岩样1、3、4面

(b)岩样2、5、6面

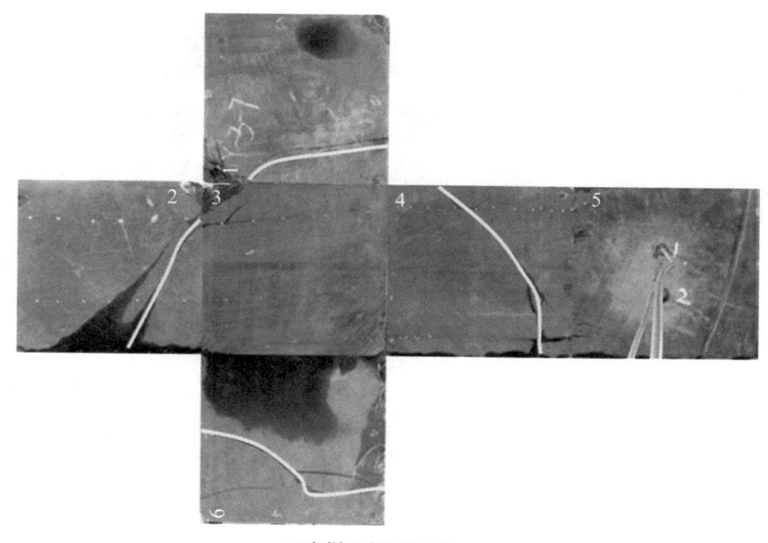

(c)岩样空间展开图

图 5-21　Y-3-7 岩样试验后 2 号主裂缝形态

3. 二次压裂的水力裂缝剖切分析

页岩岩样 2 的剖分过程如图 5-22 所示。根据表面裂缝形态，水力裂缝的整体扩展规律是 2 号水力裂缝面的扩展方向和最小主应力方向呈锐角，总体偏向最大主应力方向扩展。

图 5-22(a)为试样表面形成的 2 号水力裂缝。沿着试样 2 号水力裂缝面剖开[图 5-22(b)]，可以看出绿色压裂液的扩展路径主要沿着和层理面相交为 60°～80°的方向进行扩展，形成的 2 号主裂缝面的扩展方向和最小主应力相交约为 70°，总体偏向最大主应力方向扩展。图 5-22(c)为 2 号水力裂缝面展开图，裂缝面呈弯

(a)压裂后岩样表面2号水力裂缝

(b)剖开后2号水力裂缝面轮廓

(c)2号水力裂缝面展开图

(d)沿层理展开图

图 5-22 Y-3-7 岩样 2 号水力裂缝面剖开过程图

曲的弧形分布，层理缝和岩体牢牢地结合，水力裂缝可能直接贯穿层理。如图 5-22(d)所示，打开层理发现无压裂液的痕迹，验证了结论的正确性。2 号水力裂缝的扩展方向发生一定弧度的转变，明显是由 1 号水力裂缝的影响所致。

5.4 分级压裂裂缝扩展规律与相互影响

结合首次加载 1 号井筒的水力裂缝延伸规律，归纳总结两个岩样形成的两条水力裂缝规律及其相互作用关系，进而探讨在先压水力裂缝的影响下，后压水力裂缝的扩展规律。

5.4.1 岩样 1 水力裂缝扩展及相互影响

为了更好地揭示两条水力裂缝的扩展及相互作用关系，将压裂后形成两条水力裂缝的岩样 1 各面展开并用 Solidworks 重构，如图 5-23 所示。

由图 5-23 可以看出，岩样 1 在首次加载 1 号井筒时，形成的 1 号主裂缝面(红色弧线)的扩展方向和最小主应力方向近垂直，基本沿最大主应力方向发生扩展；第二次压裂 2 号井筒时，形成的 2 号主裂缝面(黄色弧线)的扩展方向基本近垂直于最小主应力方向，亦偏向于最大主应力方向进行扩展，但偏离弧度较前者小。二次压裂形成的水力裂缝明显受到了首次加载形成的水力裂缝影响。两条主裂缝面在 6 面处相交，且裂缝相交的趋势是朝最大主应力方向的一侧；经过测量得到，形成的 2 号水力裂缝面明显小于形成的 1 号水力裂缝面，2 号水力裂缝面的扩展明显受到了 1 号水力裂缝面的抑制，这是由于 1 号水力裂缝产生后导致地应力场发生微弱的变化，在此应力场的作用下，2 号水力裂缝面的扩展方向倾向于 1 号裂缝面。

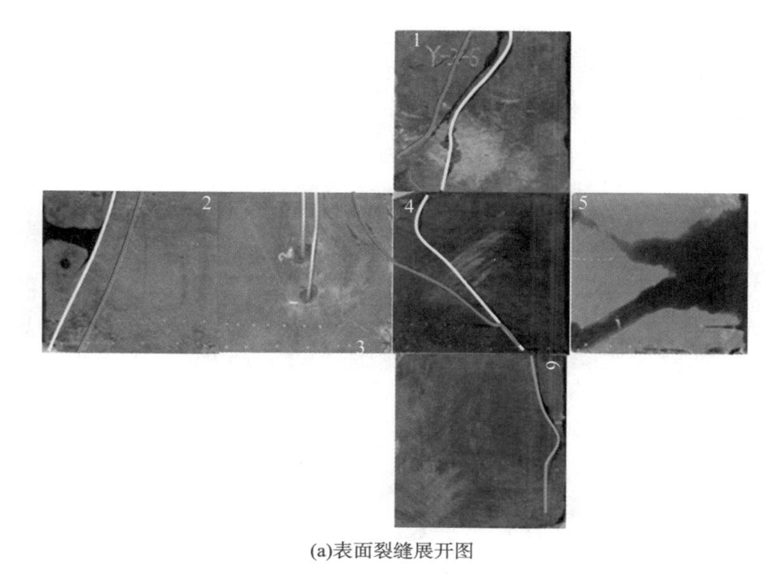

(a)表面裂缝展开图

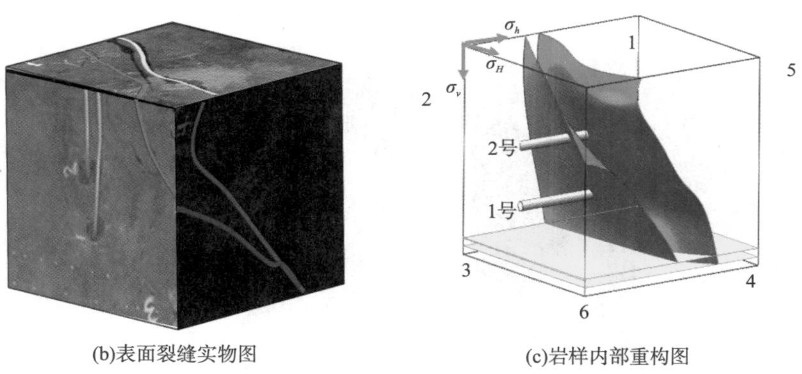

(b)表面裂缝实物图　　(c)岩样内部重构图

图 5-23　压后 Y-2-6 岩样裂缝图

同时，结合图 5-9 和图 5-17 可知，第一次加载井筒的时间为 850s，峰值应力为 24.7MPa，第二次压裂井筒的时间为 900s，峰值应力为 23.7MPa。明显可以发现第二次压裂形成的峰值破裂压力较小，说明首次加载 1 号井筒形成的水力裂缝对第二次压裂 2 号井筒造成了一定的影响，且其影响利于第二次压裂水力裂缝的形成，使其更易起裂扩展。

5.4.2　岩样 2 水力裂缝扩展及相互影响

和岩样 1 一样，将压裂后形成两条水力裂缝的岩样 2 各面展开并用 Solidworks 重构，如图 5-24 所示。

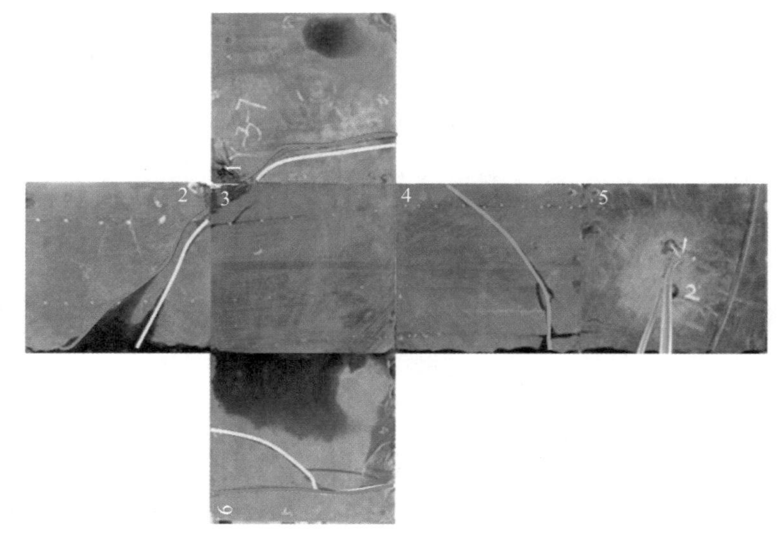

(a)表面裂缝展开图

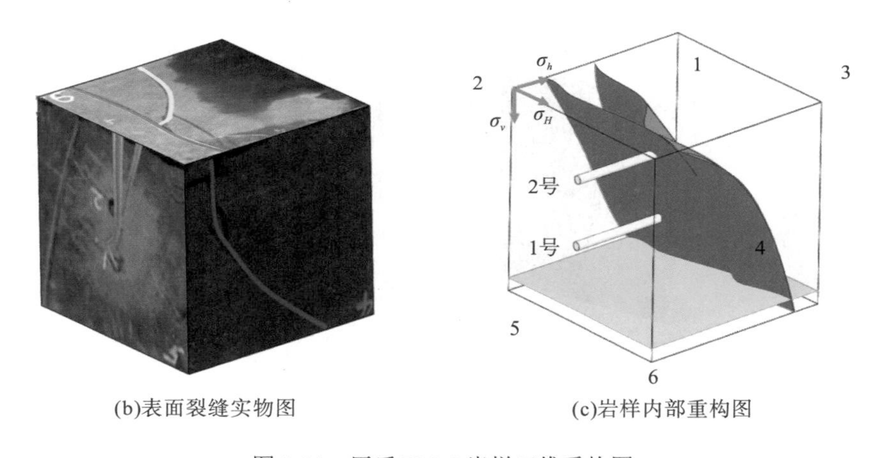

(b)表面裂缝实物图 (c)岩样内部重构图

图 5-24 压后 Y-3-7 岩样三维重构图

由图 5-24 可以看出，岩样 2 首次加载 1 号井筒时，1 号主裂缝面(红色弧线)的扩展方向和最小主应力方向基本可以认为近垂直，裂缝面总体沿着最大主应力方向扩展；进行二次压裂井筒时，形成的 2 号主裂缝面(黄色弧线)的扩展方向和最小主应力相交约为 70°，裂缝面总体偏向最大主应力方向扩展，明显后者的偏离弧度大；2 号水力裂缝的扩展形态明显受到了形成的 1 号水力裂缝影响，其扩展面明显和 1 号裂缝面在 4 面相交，也趋向于最大主应力方向相交，明显 2 号水力裂缝的扩展受到了 1 号水力裂缝的抑制，可以由 2 号形成的主裂缝面积小于 1 号形成的主裂缝面积证实。

结合图 5-13 和图 5-20 可知，第一次加载泵压的时间为 1300s，峰值应力为

36.8MPa，第二次压裂泵压的时间为 1100s，峰值应力为 19.1MPa。和岩样 1 一致，明显可以发现第二次压裂形成的峰值破裂压力较小，说明首次加载 1 号井筒形成的水力裂缝对第二次压裂 2 号井筒造成了一定的影响，且其影响利于第二次压裂水力裂缝的形成，使其更易起裂扩展。

5.4.3　分级压裂裂缝扩展及相互影响

由以上研究可以得到页岩分级压裂裂缝扩展及相互影响规律如下。

1. 页岩分级压裂裂缝扩展规律

第一次加载形成的水力裂缝面的扩展方向和最小主应力方向基本可以认为近垂直，总体呈现沿最大主应力方向扩展；第二次水力裂缝面的扩展方向和最小主应力方向呈现大角度锐角，总体偏向最大主应力方向扩展。二次压裂形成的水力裂缝明显容易受到首次加载形成的水力裂缝影响。

2. 页岩分级压裂裂缝相互影响

(1) 首次加载形成的水力裂缝会对二次压裂形成的水力裂缝产生影响，可以使后者的水力裂缝面破裂的速度加快，对 2 号井筒注液点的起裂和扩展起到促进作用，加速 2 号井筒注液点的起裂和扩展。

(2) 形成的两条主裂缝面会相交，且裂缝相交的趋势是朝最大主应力方向的一侧；1 号水力裂缝面产生后会导致地应力场发生微弱的变化，在此应力场的作用下，2 号水力裂缝面的扩展方向倾向于 1 号裂缝面，2 号水力裂缝的扩展在应力的作用下明显受到了抑制。

5.5　本 章 小 结

依据页岩水力压裂试验，本章研究了页岩分级压裂首次和二次加载下的水力裂缝扩展规律，并分析了多级加载对水力裂缝扩展的影响。

(1) 首次加载 1 号井筒时，岩样 1、岩样 2 的泵压曲线都有一定的波动，主要是由于水力裂缝的形成，微破裂、沟通天然裂缝以及压裂液滤失所致；两个岩样形成的 1 号主裂缝的扩展基本为垂直于最小主应力方向，即沿着最大主应力方向扩展，水力裂缝形成一定弧度的转向，主要和其内部层理等弱结构面有关，使其易向此处扩展，形成复杂缝网。

(2) 两个岩样的 2 号井筒的水力裂缝的扩展方向和最小主应力方向呈大角度锐角或近垂直，总体偏向最大主应力方向扩展。首次加载形成的水力裂缝会对二次压裂形成的水力裂缝产生影响，可以使后者的水力裂缝面破裂的速度加快，对 2 号井筒注液点的起裂和扩展起到促进作用，加速 2 号井筒注液点的起裂和扩展。

(3) 形成的两条主裂缝面会相交，且裂缝相交的趋势是朝最大主应力方向的一侧；1 号水力裂缝面产生后会导致地应力场发生微弱的变化，在此应力场的作用下，2 号水力裂缝面的扩展方向倾向于 1 号裂缝面，2 号水力裂缝的扩展在应力的作用下明显受到了抑制。

第 6 章　页岩气藏多级压裂水平井开发模拟

6.1　多级压裂数值模型的建立

水平井分段多级压裂技术是目前页岩气压裂改造的主体技术[133]，储层压裂时利用封隔器控制套压，每压裂一段后取出封隔器，然后重复作业，实现分段压裂。本章采用 COMSOL-Multiphysic 软件对页岩气水平井开发过程中的气体流动进行数值模拟。模拟通过 COMSOL-Multiphysic 软件自身提供的 CAD 工具建立二维几何物理模型，并考虑有效应力、孔隙度、渗透率等因素对页岩气藏水平井开采的影响，数值模拟过程中所用的基准参数见表 6-1。在数值模拟中，模型为 200m×600m 的页岩气藏地质模型，为整个地层模型的一半，其中模型底部中间的黑色线条代表一口长为 400m 的水平井。几何模型如图 6-1 所示，数值模型的网格剖分如图 6-2 所示。

表 6-1　数值模拟所用计算参数

参数名称	参数值	参数名称	参数值
气体分子半径/m	1.9×10^{-10}	基质体积模量/MPa	1×10^{5}
Boltzmann 常数/(J·K^{-1})	1.380649×10^{-23}	裂缝骨架体积模量 $K_{f,e}$/MPa	7×10^{4}
气体摩尔质量/(kg·mol^{-1})	0.016	裂缝孔隙体积模量 $K_{f,t}$/MPa	5×10^{4}
气体常数/(MPa·m^{3})	8.314	裂缝区域长度/m	50
气体黏度/(MPa·s)	1.8×10^{-11}	裂缝区域宽度/m	2
基质压缩系数/MPa^{-1}	1×10^{-5}	裂缝区域间距/m	20
基质初始孔隙度	0.03	岩石密度/(kg·m^{-3})	2600
朗缪尔压力/Pa	1.01×10^{7}	气体标准密度/(kg·m^{-3})	0.78
朗缪尔体积/(m^{3}·kg^{-1})	2.8317×10^{-3}	初始压力/MPa	30
岩石弹性模量/GPa	50	井底流压/MPa	1.2
泊松比	0.25	页岩气藏面积/m^{2}	200×600
水平井长度/m	400	井筒半径/m	0.1

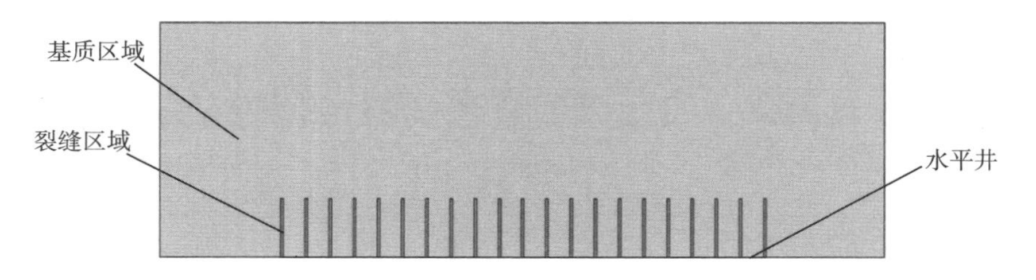

图 6-1 页岩气藏双重介质水平井二维示意图

图 6-2 页岩气藏双重介质水平井模型网格剖分

6.2 多级压裂裂缝扩展规律

对于内边界，设置井底流压为 1.2MPa，对于外边界，设置为 30MPa 的定压边界。通过对模型求解，可以得到储层在不同生产时间的压力分布情况，如图 6-3 所示。

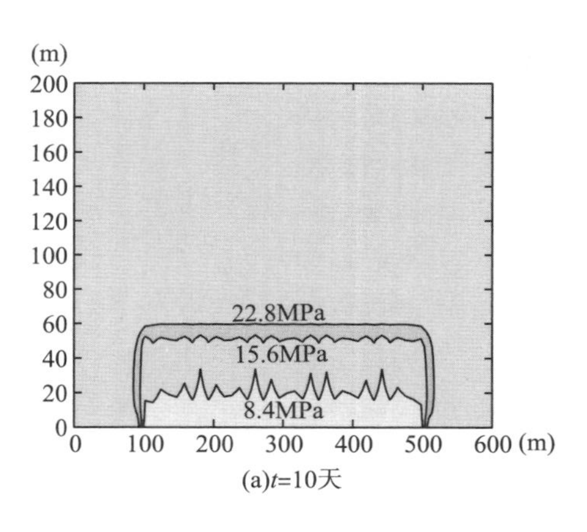

(a)t=10天

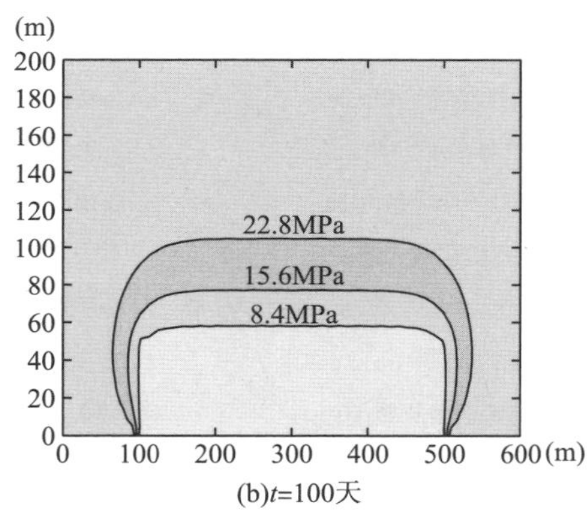

(b)t=100天

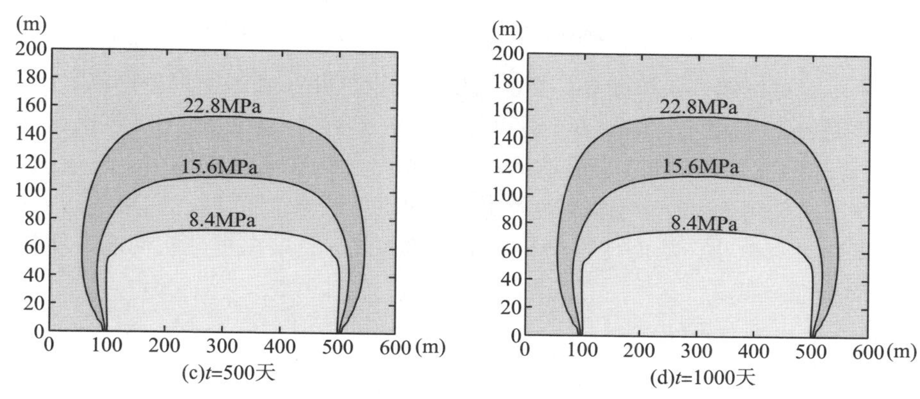

图 6-3　页岩气藏水平井不同生产时间的压力分布

模拟结果显示，页岩气藏双重介质水平井生产过程中，页岩气储层的压力分布是一个以水平井为长轴的椭圆，且随生产时间的增长，压力椭圆的面积逐渐扩大。从图 6-3 可以看出，随生产时间的增长，储层中的裂缝压力迅速降低，但储层基质区域中的压力传播较慢，且在生产末期气藏压力逐渐趋于稳定。页岩气藏平均储层压力和平均裂缝压力随生产时间的变化如图 6-4 所示。对比图 6-3 和图 6-4 可以看出，相对于平均储层压力，平均裂缝压力在生产初期迅速下降，其原因是相比裂缝，基质的渗透率较低，从而导致压力在储层基质区域传播较裂缝区域慢。模拟结果表明，裂缝在页岩气储层开采过程中可以极大地提高页岩气的开采效率，故在实际开发时，储层的压裂对于页岩气藏的开采生产非常重要。

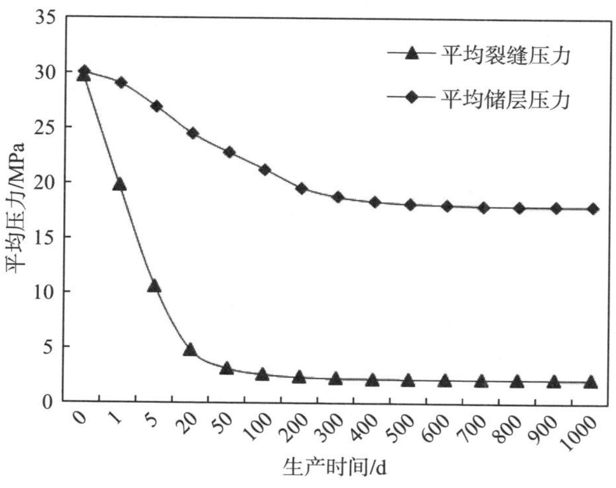

图 6-4　随时间变化的页岩气藏平均压力

开采过程中，储层中的页岩气受到压力梯度的驱动从基质和裂缝中汇聚到水平井中，压力梯度随生产时间的变化而变化，进而影响页岩气藏的日产气量和累积产气量。随生产时间变化的页岩气藏日产气量和累积产气量分别如图 6-5 和图 6-6 所示。对比图 6-5 和图 6-6 可以发现，页岩气井在生产初期的产能较高，在生产后期逐渐趋于稳定。由图 6-5 可以看出，生产初期页岩气日产气量迅速下降，20 天后下降幅度减缓，500 天后达到稳产。这是因为在开采初期由于储层的压力梯度较大，渗透率较高，气体流动较快，而在生产一段时间后，储层的压力梯度减小，气体流速减小，从而使日产气量降低。因此，储层在生产初期的产能最高，稳产后的产能最低。

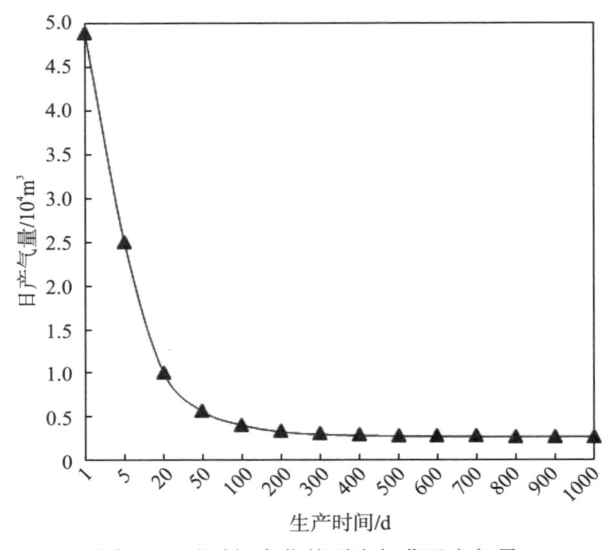

图 6-5　随时间变化的页岩气藏日产气量

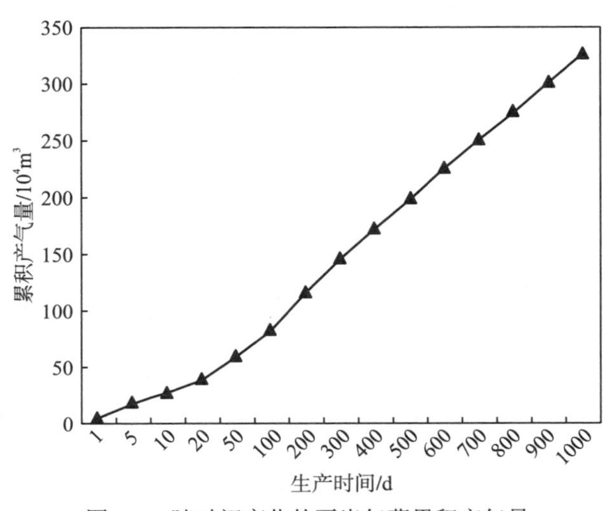

图 6-6　随时间变化的页岩气藏累积产气量

6.3　裂缝扩展的参数敏感性分析

6.3.1　裂缝区域宽度

从图 6-7 可以看出，平均裂缝压力随裂缝区域宽度的增加而减小，且在生产初期，随着初始裂缝开度的增加，平均裂缝压力的下降速度增大，到生产后期逐渐趋于稳定。这是因为裂缝区域宽度增大，使储层中裂缝区域的面积增加。又由于裂缝的渗透率较高，使整个储层的渗透性随裂缝区域宽度的增加而增强，平均裂缝压力在生产初期的变化幅度增大。图 6-7 显示，虽然裂缝区域宽度较大时压力变化较快，但是在生产 200 天后压力的下降幅度迅速减小，且在 200 天后，不同裂缝区域宽度下的平均裂缝压力均达到较为稳定的状态。

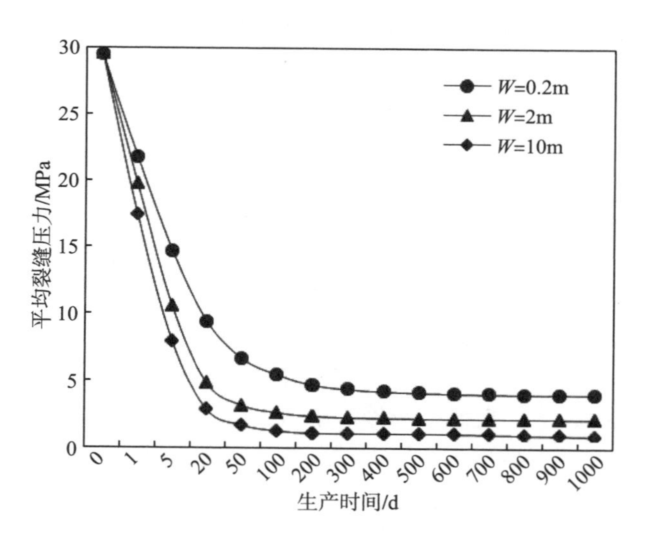

图 6-7　不同裂缝区域宽度下的页岩气藏平均裂缝压力

从图 6-8 可以看出，不同裂缝区域宽度下的页岩气藏日产气量随生产时间的推移而降低，并在 500 天左右达到稳定状态。这是因为在开采前期，裂缝压力迅速降低，页岩气随着较高压力梯度的驱动流入井筒内，流速较大，且水平井可以发挥最大泄气面积的作用，因此在开发前期，页岩气藏水平井的产能很高。但随着储层的不断开采，气藏中的页岩气被大量采出，整个储层的平均压力降低，压力梯度减小，因此气藏的日产气量开始迅速下降，并在 500 天后，页岩气藏的日产气量达到相对稳定状态。同时，由模拟结果可以看出，在裂缝区域宽度较大时，页岩气井在开采初期的产能相对较高，且裂缝区域宽度越大，页岩气藏日产气量越大。这是因为裂缝区域宽度增大，使储层中裂缝的面积增加。又由于裂缝的渗透率较高，使整个储层的渗透性随裂缝区域宽度的增加而增强。这也从另一方面证明了页岩气开采时进行水力压裂的必要性。

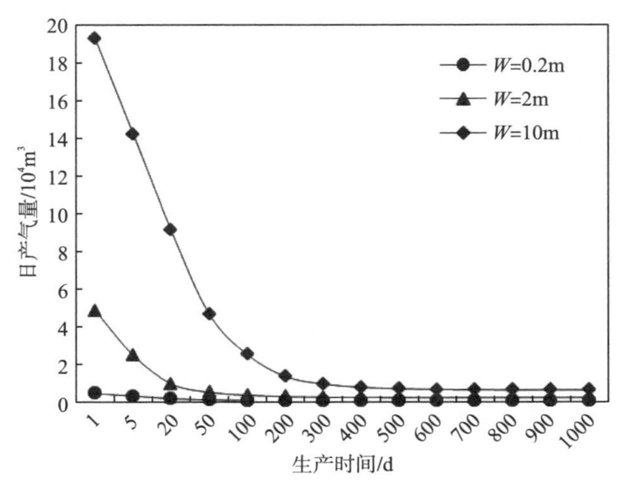

图 6-8　不同裂缝区域宽度下的页岩气藏日产气量

6.3.2　裂缝区域间距

图 6-9(a)、(c)、(e)分别表示在生产第 5 天时裂缝区域间距为 20m、10m、5m 的储层压力分布情况，图 6-9(b)、(d)、(f)则分别表示生产第 200 天时裂缝区域间距为 20m、10m、5m 的储层压力分布情况。对比图 6-9(a)、(c)、(e)可以发现，裂缝区域间距越小，裂缝区域处的压力下降速度越快；对比图 6-9(b)、(d)、(f)可以发现，当压力传播到基质区域时，传播速度变慢，且在 200 天时基本稳定。这是因为裂缝区域间距减小使裂缝区域增大，且裂缝的渗透率较高，使整个储层

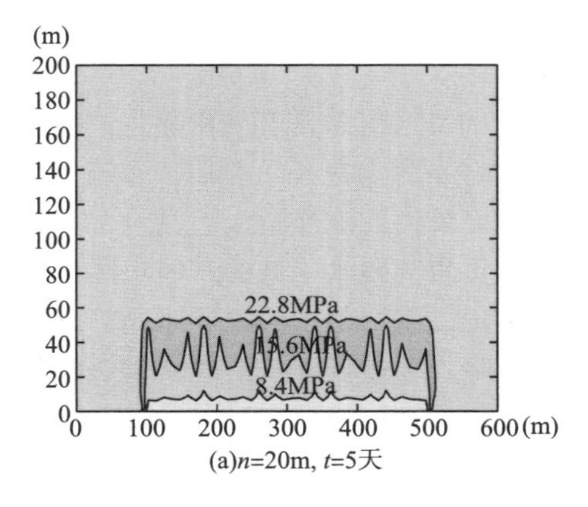

(a)n=20m, t=5天

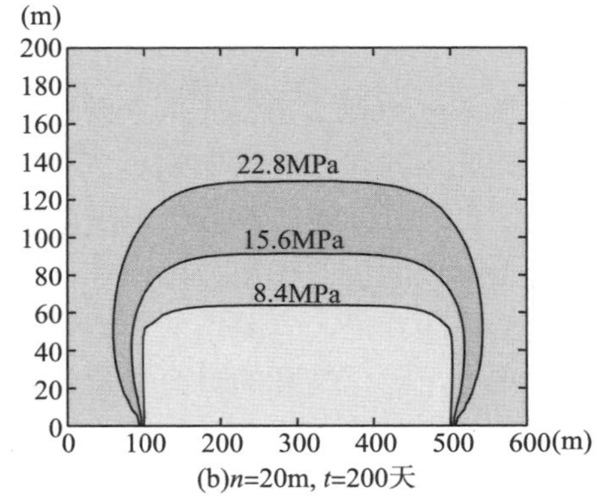

(b)n=20m, t=200天

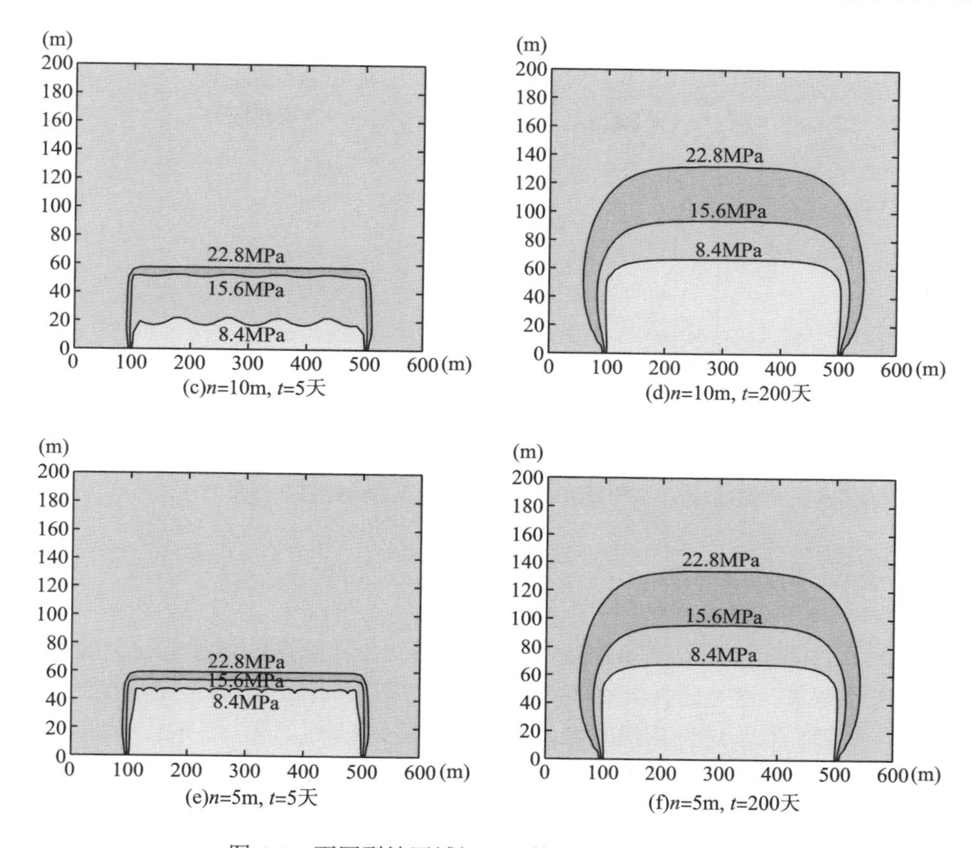

图 6-9　不同裂缝区域间距下的页岩气藏压力分布

的渗透性随裂缝区域间距的减小而增强，裂缝压力在生产初期的下降速度增大。此外，在页岩气开采的中后期，储层中页岩气的主要来源是生产初期的游离气转变为吸附气，裂缝区域间距对储层压力分布的影响减弱。

从图 6-10 可以看出，不同裂缝区域间距下的页岩气藏日产气量随生产时间的推移而降低，并在 200 天左右达到稳定状态。这是因为在开采前期，裂缝压力迅速降低，页岩气随着较高压力梯度的驱动流入井筒内，使气体流速较高，进而导致气井的日产气量较高。但随着气藏中的页岩气被采出，储层的压力梯度减小，气藏的日产气量降低，并在 200 天后，页岩气藏的日产气量达到稳定状态。同时，由模拟结果可以看出，在裂缝区域间距较小时，页岩气水平井在开采初期的产能相对较高，且裂缝区域间距越小，页岩气藏日产气量越大。这是因为裂缝区域间距减小，使储层中裂缝区域的数量和总面积增加，且裂缝的渗透率较高，使储层的日产气量随裂缝区域间距的减小而增大。这也证明了页岩气开采时对储层进行充分改造的重要性。

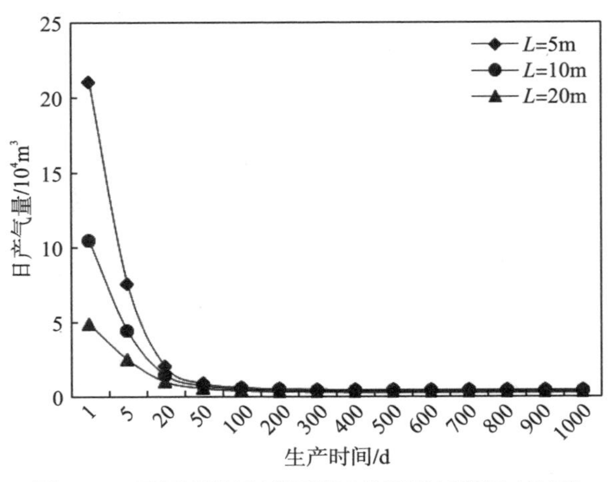

图 6-10　不同裂缝区域间距下的页岩气藏日产气量

6.3.3　基质初始孔隙度

从图 6-11 可以看出，平均裂缝压力随基质初始孔隙度的增加有一定的升高，但变化并不明显。这是因为虽然随孔隙度增加，基质的渗透率有一定程度的升高，但相对于裂缝，其渗透性依然较低，压力的传播仍然较缓慢。图 6-11 显示，不同基质初始孔隙度下的平均裂缝压力均在生产前期下降较快，且在生产 300 天后均达到较为稳定的状态。

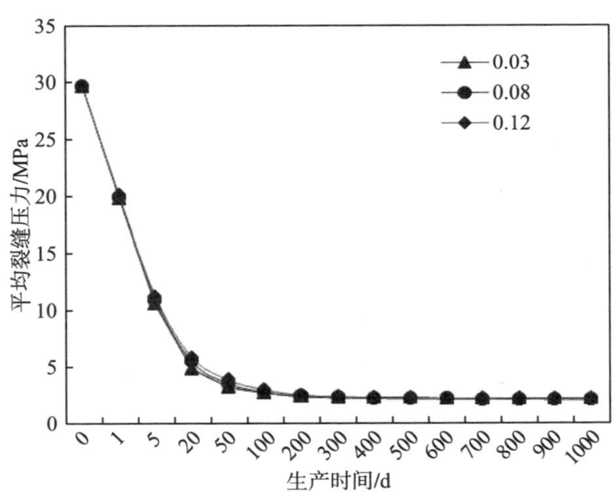

图 6-11　不同基质初始孔隙度下的页岩气藏平均裂缝压力

从图 6-12 可以看出，不同基质初始孔隙度下的页岩气藏日产气量随生产时间的推移而降低，并在 500 天左右达到稳产状态。同时，在基质初始孔隙度较大时，页岩气井在生产中期的产能相对较高，在生产前期和后期的日产气量差别不大。对比图 6-11 和图 6-12 可以发现，基质初始孔隙度对页岩气藏的开采和产能的影响不大。这也表明在实际开发时需对储层进行压裂改造，从而提高采收率。

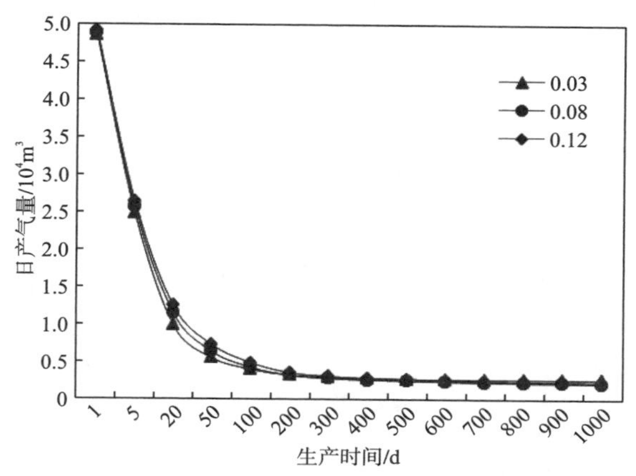

图 6-12　不同基质初始孔隙度下的页岩气藏日产气量

6.3.4　裂缝系统长度

从图 6-13 可以看出，平均裂缝压力随裂缝系统长度的增加而减小，且在生产初期，随着裂缝系统长度的增加，平均裂缝压力的下降速度增大，到生产后期逐渐趋于稳定。由于裂缝的渗透率较高，裂缝系统长度增大，使储层中的改造区域增加，进而使储层的渗透性随裂缝长度的增加而增强。图 6-13 显示，虽然裂缝系统长度较大时的压力变化较快，但是在生产 100 天后压力的下降幅度迅速降低，且在 300 天后，不同裂缝系统长度下的平均裂缝压力均达到较为稳定的状态。

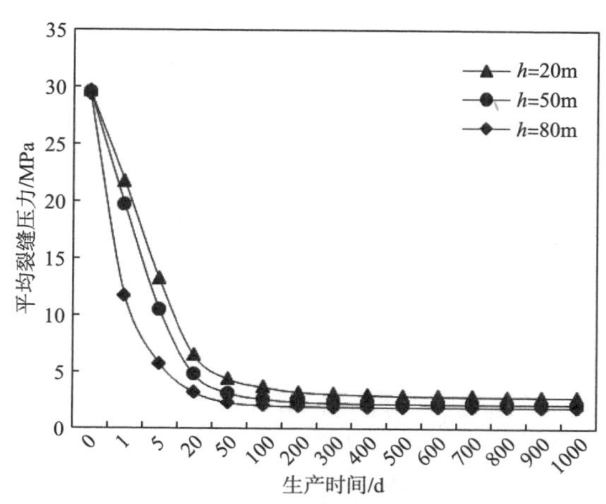

图 6-13　不同裂缝系统长度下的页岩气藏平均裂缝压力

从图 6-14 可以看出，不同裂缝系统长度下的页岩气藏日产气量随生产时间的推移而降低，并在 200 天左右达到稳定状态。这是因为在生产前期，压力梯度较高，气体流速较大，页岩气藏水平井有较高的产能。但随着储层的不断开采，平均压力降低，压力梯度减小，因此气藏的日产气量迅速下降，并在 200 天后，页岩气藏的日产气量达到稳产状态。同时，由模拟结果可以看出，在裂缝系统长度较大时，页岩气井在开采初期的产能相对较高，且裂缝系统长度越大，页岩气藏日产气量越大。由于裂缝的渗透率较高，裂缝系统长度增大，使储层中经过改造的裂缝区域增加，进而使气藏的日产气量随裂缝系统长度的增大而增大。

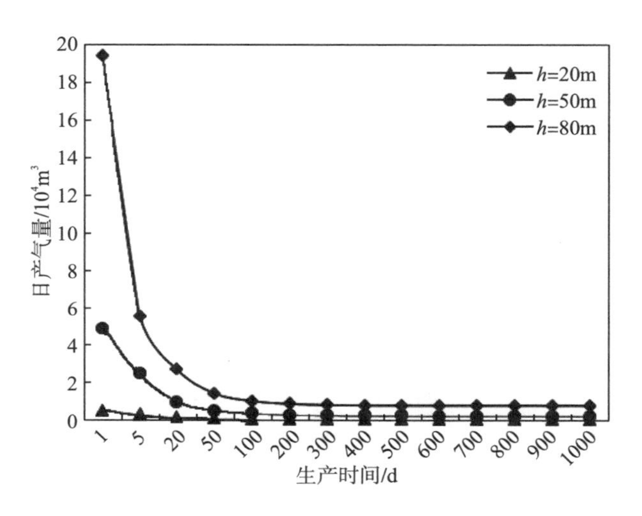

图 6-14 不同裂缝系统长度下的页岩气藏日产气量

6.4 本 章 小 结

采用 COMSOL-Multiphysic 软件对页岩气藏水平井开采过程中的气体流动进行了数值模拟，分析了随时间变化的储层压力分布情况和页岩气藏的产能变化，并分析了基质初始孔隙度、裂缝区域宽度、裂缝系统长度和裂缝区域间距对页岩气储层的平均裂缝压力和日产气量的影响。模拟结果表明：

(1) 页岩气储层的压力分布是一个以水平井为长轴的椭圆，且随生产时间的增长，压力椭圆的面积逐渐扩大；相对于平均储层压力，平均裂缝压力在生产初期迅速下降；在储层基质区域，随生产时间的增长压力传播较慢，且在生产末期气藏压力逐渐趋于稳定；页岩气井在生产初期的产能较高，在生产后期逐渐趋于稳定。

(2) 页岩气藏的平均裂缝压力随裂缝区域宽度和裂缝系统长度的增大而减小，随裂缝区域间距的增大而增大；日产气量随裂缝区域宽度和裂缝系统长度的增大而增大，随裂缝区域间距的增大而减小；基质初始孔隙度对页岩气储层的平均裂缝压力和日产气量的影响较小，在生产中期日产气量相差最大。

(3) 分段压裂的裂缝区域间距约为 5m 时，页岩气井的单井日产气量较高，此时的分段压裂簇间距设计较为合理；裂缝区域宽度为 10m，长度为 80m 时，页岩气井的单井日产气量较高。

第7章　考虑层理作用的多裂缝压裂数值模拟

水平井实施多裂缝压裂可以增加裂缝网络的复杂性，并提高页岩气产出。这是实现页岩气商业开发的重要保证。多裂缝压裂根据压裂顺序的不同可分为顺序压裂、同步压裂和交替压裂。其中同步压裂是一种常用的方法。同步压裂时，由于裂缝间的应力干扰，裂缝之间的扩展存在竞争关系，裂缝并不均匀。前人研究表明，多裂缝扩展问题主要包括裂缝间的应力干扰、各裂缝内的流量分配和裂缝扩展竞争。

在深部页岩气储层中层理较为发育[134]。相关研究表明，层理对裂缝的扩展有着重要的影响[135,136]。但是目前关于层理对裂缝扩展的影响研究主要针对层理对单裂缝的影响，而关于多裂缝压裂模拟的相关文献中一般都未考虑层理对裂缝扩展的影响。然而，层理会影响裂缝扩展。多裂缝压裂时，层理对裂缝之间的应力干扰、裂缝竞争和流量分配具有重要的控制作用。因此，本章针对层理对多裂缝压裂中裂缝网络形成的影响开展研究，采用块体离散元方法，考虑层理对多裂缝压裂时裂缝扩展的影响，计算多裂缝压裂的裂缝竞争、流量分配和网络形成问题。

7.1　不含层理地层的多裂缝压裂模拟

7.1.1　数值模型的建立

已有相关文献报道了块体离散元模拟水力压裂，结果表明块体离散元方法可以模拟单裂缝的水力压裂特征。此外，块体离散元方法可以考虑裂缝间的应力干扰，模拟水力裂缝与天然裂缝之间的相互作用机理。Peirce 和 Bunger[137]的研究表明，不考虑井筒摩擦阻抗时，井筒中的压裂液压力都是相同的。因此本章在预制裂缝和井筒的交叉处设置压力边界，井筒中的压力是恒定的。通过这种方式，可以模拟多个裂缝的同步压裂，并且可以研究每个裂缝内的流量分配。

基于 Olson[138]的模型建立如图 7-1 所示的模型。假设地层中没有天然裂缝，只存在从井筒起裂的裂缝。一口水平井能够向 7 条与井筒垂直的均匀间隔的水力裂缝提供均匀的压力。在地层中设置 7 个预制裂缝面 f1～f7，模拟 7 条裂缝，裂缝间距为 10m。水平井位于模型中部。

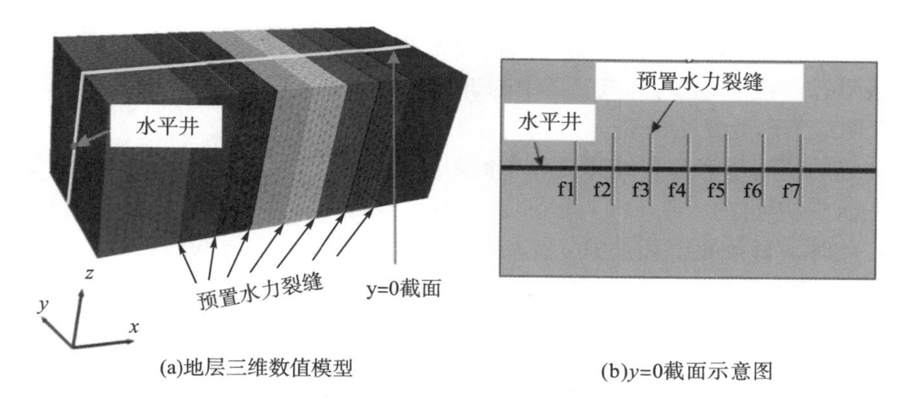

(a)地层三维数值模型　　(b)y=0截面示意图

图 7-1　多裂缝压裂数值模型

该模型的目的是验证块体离散元方法能否模拟多裂缝同步压裂。现有的数值研究没有考虑层理，因此建立不含层理的地层模型。通过与已有结果的比较，验证块体离散元方法的可行性。假设地层埋深为 3000m，地层各向同性且地层各向应力均匀。根据地层埋深换算地层应力，最小主应力确定为 76.5MPa。为了保证裂缝的张开，井底压力应大于裂缝面上的法向应力。因此，底部压力设置为 81MPa。数值模拟中其他参数列于表 7-1。

表 7-1　参数取值表

参数	取值	参数	取值
弹性模量	20GPa	流体黏度	0.0015Pa·s
泊松比	0.25	流体密度	1000kg/m^3
岩石密度	2600kg/m^3	埋深	3000m
节理摩擦角	20°	注入速率	0.05m^3/s
节理内聚力	0MPa	原位应力	$\sigma_x=\sigma_y=\sigma_z=76.518$MPa

7.1.2　多裂缝扩展的相互影响

1. 裂缝扩展规律对比

基于上述模型和参数，计算多裂缝同步压裂过程中裂缝的扩展和裂缝内流体的分布。不考虑层理的多裂缝扩展情况如图 7-2 所示。通过提取预先设定的裂缝路径平面，显示水力裂缝的空间形态。为了避免裂缝面遮挡导致的裂缝形态显示不完整，图中只截取裂缝面的下半部分。图中裂缝面上的不同颜色表示裂缝的宽度。蓝色表示裂缝未开裂(数值计算中，模型初始裂缝开度设置为 1×10^{-4}m，其他颜色表示不同的裂缝开度。红色表示最大的裂缝开度。同时，为了显示完整的水力裂缝形态，使用 Slip 点(图 7-2 中的 Joint Slip)表示裂缝的空间几何形状。Joint Slip 表明该节理处发生破裂。

裂缝的空间形状和裂缝开度分布如图 7-2 所示。图 7-2 为不同时间的裂缝形态。在压裂初期[图 7-2(a)]，每条裂缝的形态基本相同，裂缝长度小，裂缝间干扰小。此时，每条裂缝都是独立扩展的，互不影响。随着时间的增长，外部裂缝 f1 和 f7 逐渐成为主导裂缝，由于应力阴影，内部裂缝 f2～f6 的扩展受限。

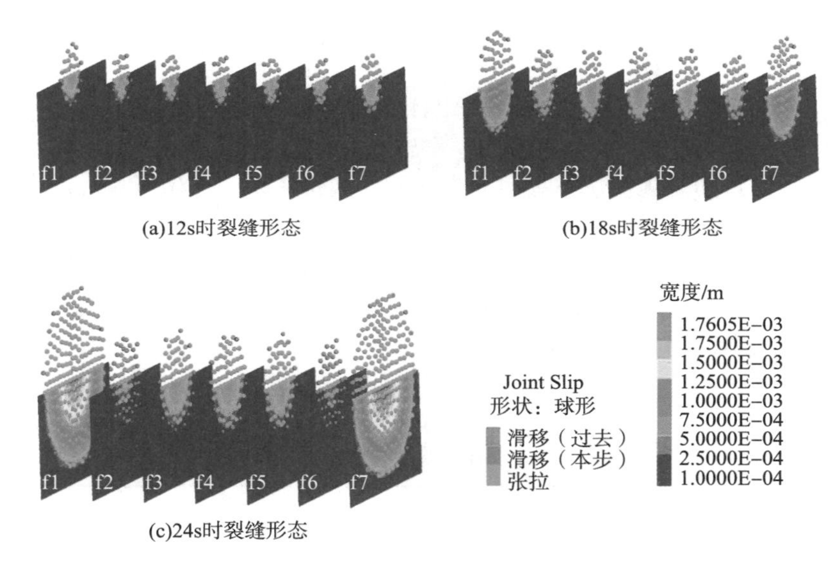

图 7-2 不同时间多裂缝压裂后的裂缝形态

当外部裂缝 f1 和 f7 扩展到一定程度时[图 7-2(c)]，就会干扰相邻裂缝的扩展。在图 7-2(c)中，利用 Joint Slip 的颜色来判断当前时间步裂缝是否扩展。其中，红色点表示该点在过去的某一时刻发生破坏，但在本步计算中未发生破坏。裂缝 f2、f6 的破坏区边缘的 Joint Slip 为红色。表明，这两条裂缝受外部裂缝 f1 和 f7 的扰动，不能继续向外扩展。外部裂缝的扩展抑制了相邻裂缝 f2 和 f6 的扩展。综上，在同步压裂过程中，裂缝之间会相互干扰，外部裂缝为优势裂缝。优势裂缝会抑制其他裂缝的扩展。裂缝越靠近优势裂缝，受到的影响越大。Olson[138]和 Zhao 等[139]也对多裂缝同步压裂展开了研究，结果表明两侧的裂缝具有最大的裂缝开度。块体离散元方法计算的结果[图 7-3(c)]与 Olson[图 7-3(a)]和 Zhao 等[图 7-3(b)]的结果一致。

说明，三维块体离散单元法可以模拟水平井的多裂缝同时压裂过程。

综上所述，外部裂缝 f1 和 f7 为优势裂缝。外部裂缝 f1 和 f7 的长度和宽度大于内部裂缝 f2～f6。由于裂缝垂直延伸，裂缝面的主要位移方向为 x 方向。因此，选取 x 方向位移云图来研究裂缝周围位移的变化。垂直剖面上（$y=0$，水平井所在的垂直剖面）的 x 方向位移如图 7-3(c) 所示。由位移云图可知，外部裂缝 f1 和 f7 两侧位移最大，内部裂缝两侧的位移较小。值得注意的是，外部裂缝的左右两侧的位移是有差异的。裂缝 f1 左侧位移绝对值较大，右侧位移绝对值较小。同样地，裂缝 f7 右侧的位移绝对值比左侧的位移绝对值大得多。因此可得，虽然外部裂缝是优势裂缝，但由于裂缝之间的应力干扰，裂缝内侧位移较小。Olson 指出，裂缝阵列两端的裂缝最容易打开，因为它们只有一侧受到邻近裂缝的影响。本章的结果验证了 Olson 的结论。裂缝外侧面的位移对外部裂缝的扩展起主导作用。

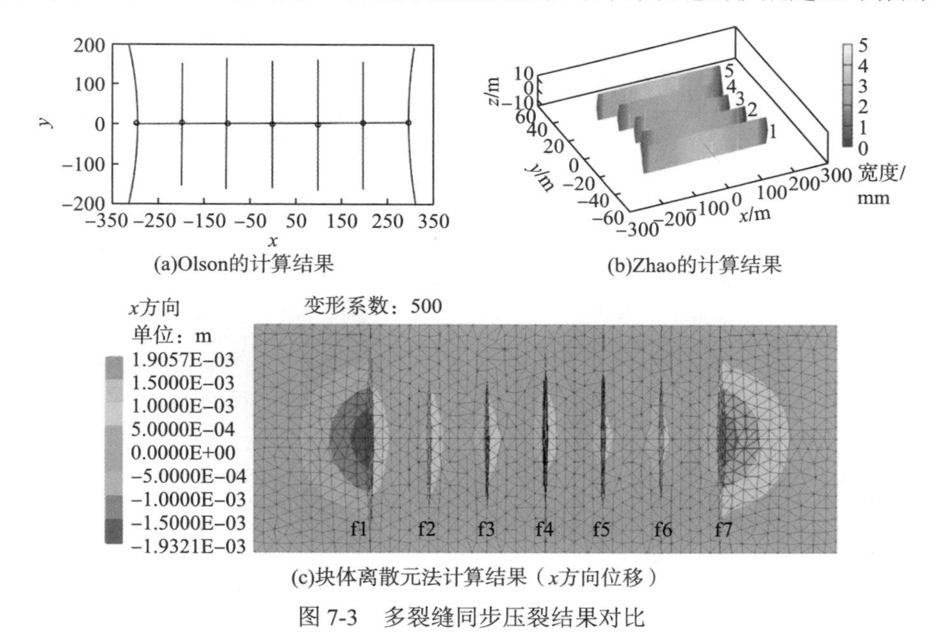

图 7-3　多裂缝同步压裂结果对比

2. 裂缝内的流量分配

压裂液的流量分配问题是多裂缝压裂的一个关键问题。通过计算得到的流量分配情况如图 7-4 所示。首先分析压裂初期和压裂后期的流量分配情况。在压裂初期[图 7-4(a)]，各裂缝内的流量分配占比差距并不太大，甚至外部裂缝 f1 和 f7 的流量并不是最大的。由于网格划分的问题，网格并不完全均匀，但这种不均匀并不是绝对的缺陷，反之可以模拟岩体中裂缝扩展的随机性。如果网格足够精细，则结果就更能反映岩石断裂的真实性。在实际情况下，如果一条裂缝由于某种原因比另一条裂缝更容易开启，则它将能够优先吸收流体，并比相邻的裂缝扩展得更快。关于裂缝网格的问题将在 7.3.2 中进行讨论。

在裂缝扩展初期，裂缝 f6、f1 和 f7 的压裂液分配占比较大，说明在压裂初期这几条裂缝稍微占据优势。但是需要注意的是，此时各裂缝间流量占比的差距并不是太大。这种差异是由于压裂初期岩体的自身缺陷导致的。此时由于裂缝间的干扰程度很小，因此缝间干扰作用可以忽略。在压裂后期[图 7-4(b)]，外部裂缝 f1 和 f7 的流量占比分别为 45%和 40%，内部裂缝 f2～f6 的各自流量分配占比只有 3%。说明在后期外部裂缝占据了主要优势，在同样的井底压力条件下，压裂液更多地进入了外部裂缝，表明压裂液的流量分配与裂缝扩展具有一致性。为了说明压裂液分配随时间的变化，将裂缝 f1～f7 压裂液分配比例随时间的变化绘于图 7-4(c)。由图可知，在压裂初期，各裂缝的流量分配的差异并不大，随着压裂时间增长，裂缝 f1 和 f7 的优势逐渐明显，裂缝 f1 和 f7 在后期成为绝对优势裂缝，超过 85%的压裂液进入了这两条外部裂缝。表明，由于初始井眼或射孔条件等原因，裂缝可能会以不同的方式启动。然而，由于短裂缝的诱导应力不足以影响相邻裂缝，因此裂缝间的应力干扰较小。在初期应力干扰很小时的优势裂缝在后期可能被其他应力干扰较大的裂缝所替代。

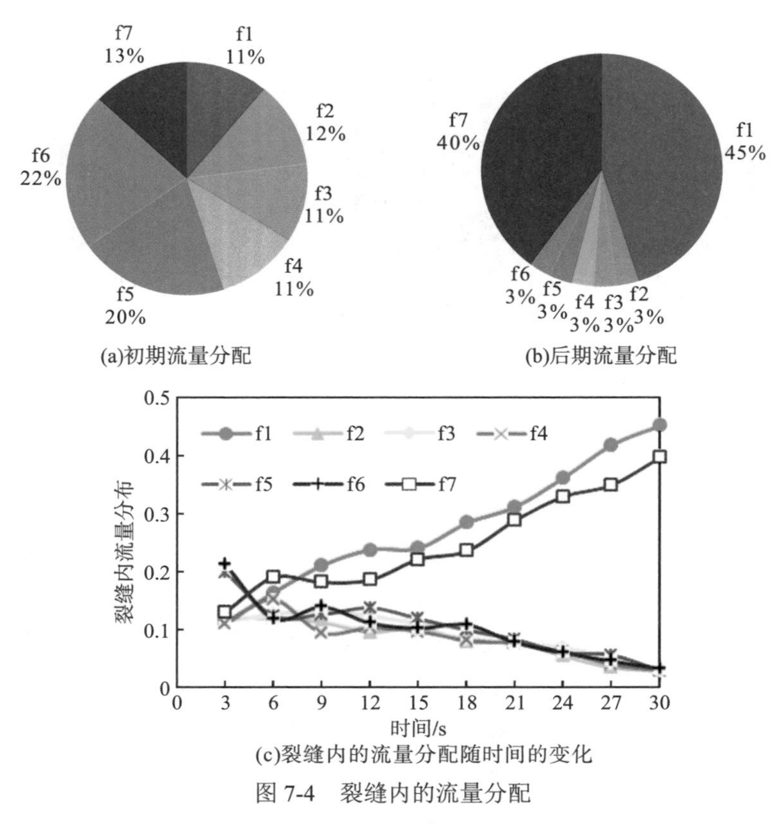

图 7-4　裂缝内的流量分配

本例中，压裂初期裂缝 f5 和 f6 为优势裂缝，在后期逐渐被外部裂缝 f1 和 f7 取代。为什么原始优势裂缝的优势被取代？在初始阶段，应力干扰很小，裂缝间的应力不足以影响周围裂缝的扩展。随着裂缝长度的增加，裂缝间的相互干扰越来越大。裂缝扩展需要克服裂缝面上的法向应力，内部裂缝 f2～f6 裂缝面上正应力增大，需要更大的压力才能保证裂缝启动，这就抑制了内部裂缝的扩展。而外部裂缝的法向应力较小，故而外部裂缝的扩展更为容易。图 7-4(c)所示的 7 条裂缝的实时流体分布，随着时间的推移，裂缝 f1 和 f7 的流体分配占比逐渐增大，其他裂缝的压裂液分配则逐渐减小。此外，流体的分布与裂缝的扩展规律是一致的。当井底压力相同时，更多的流体流入外部裂缝。

7.2　含层理地层的多裂缝压裂模拟

7.2.1　含层理地层的多裂缝压裂数值模型

1. 数值模型建立

上节证明 3DEC 适用于多裂缝压裂的模拟。接下来在模型中添加层理，以研究层理对水平井多裂缝压裂的影响。在图 7-1 的基础上，以水平井井筒为中心，分别在上下添加一个水平层理，层理距井筒的距离为 3m。建立的含层理地层多裂缝压裂模型如图 7-5 所示。模型的计算参数取值与上一节保持一致。

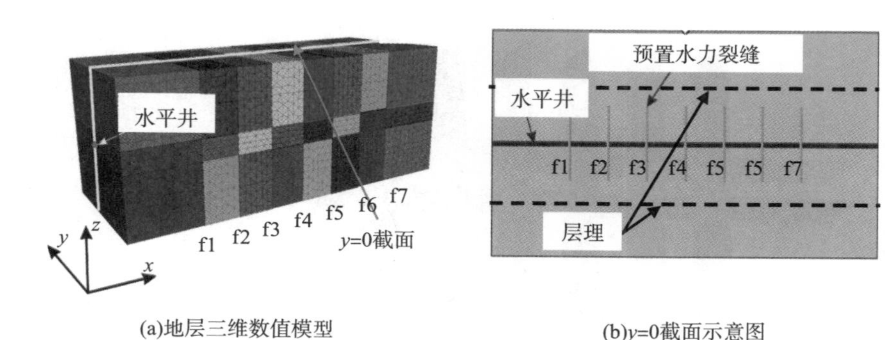

(a)地层三维数值模型　　(b)y=0截面示意图

图 7-5　考虑层理面的多裂缝压裂模型

2. 裂缝扩展形态

基于建立的含层理地层模型，计算得到裂缝的形态，如图 7-6 所示。在有层理的条件下，裂缝的形态受到显著的影响。对比图 7-3 可以看出，在图 7-6(a)中除裂缝 f7 外其他裂缝在竖向扩展均受到了限制，并且裂缝向层理面发生了转向。首先外部裂缝 f1 和 f7 的形态不同，裂缝 f7 未受到层理的影响，穿过层理竖向延伸，裂缝 f7 依旧是优势裂缝。但是裂缝 f1 则明显受到层理的影响，其竖向扩展受限，在下层理面发生转向并延伸。对比两条裂缝，裂缝 f7 穿过了层理面，层理面对其造成的影响很小。但是裂缝 f1 受到层理面的影响，在层理面内延伸。因此裂缝 f1 与 f7 的扩展形态不同。

从计算角度而言，造成这种情况的原因是网格的不均匀性。正如 Olson 指出的，如果某种原因(如初始井筒、射孔)使得一条裂缝比其他裂缝更容易张开，那么这条裂缝将流入更多的流体，并且比周围的裂缝扩展更快，且阻碍周围裂缝的扩展。在本例中，网格不均匀性引发裂缝 f1 和 f7 两处初期起裂的微小差异，这种差异引起后续裂缝形态的差异。这两种形态表明，当水力裂缝能够直接穿过层理面时，层理面对裂缝的扩展影响不大。但反之，如果裂缝不能够直接穿过层理面，则层理面会限制裂缝的竖向扩展。

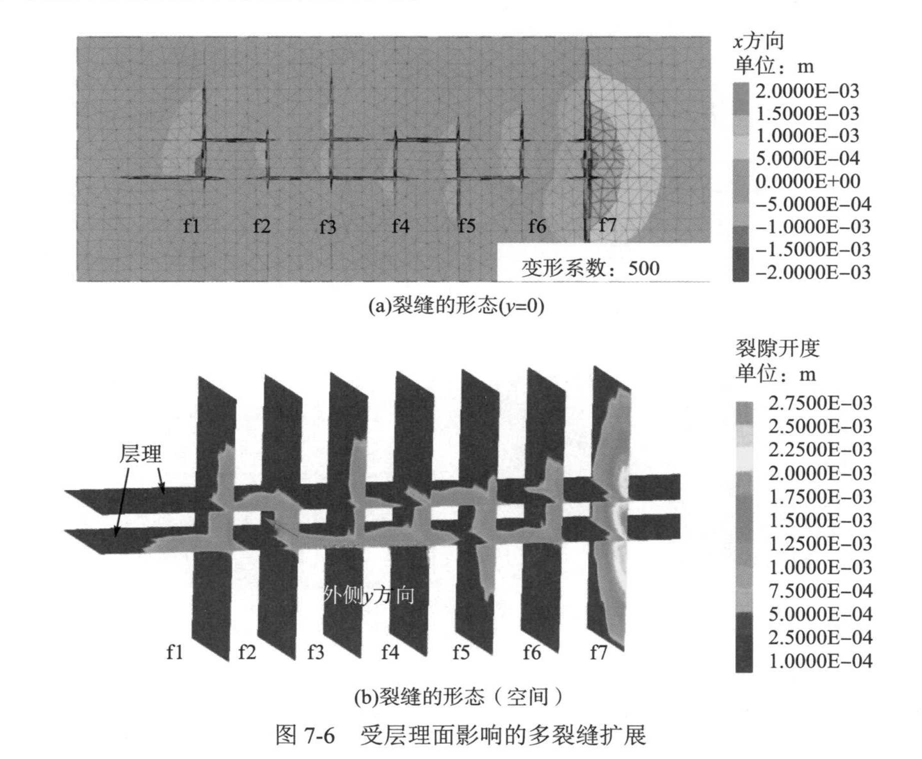

(a)裂缝的形态(y=0)

(b)裂缝的形态（空间）

图 7-6　受层理面影响的多裂缝扩展

分析内部裂缝的形态，裂缝 f2、f4 和 f6 受到层理面的影响较为明显。裂缝两侧均受到了限制，其中裂缝 f2 最为明显。由于裂缝被两个层理面限制，裂缝会在侧向(y 方向)和层理面内扩展，结果如图 7-6(b)所示。值得注意的是，在 y

方向的扩展与以往的二维模拟不同，以往的二维模拟不能描述裂缝的侧向扩展。在图 7-6(b)中，由于层理的影响，裂缝 f1、f2、f4 和 f6 在两个层理之间均有明显的侧向扩展。由于周围裂缝 f2、f4 和 f6 高度较小，裂缝 f3 和 f5 在层理的一端突破后向外延伸。此外，层理面也成为了裂缝延伸的主要通道，严重者裂缝沿着层理面贯通，导致各裂缝之间的连通。

综上所述，层理面会降低各裂缝之间的竞争关系，各裂缝之间的竞争优势不再明显。层理也会严重限制裂缝在竖向的延伸。这种情况下，水力压裂的主裂缝高度受限，储层改造的效果被大大降低。在我国的页岩气开发实践中，含层理页岩往往是最为有效的页岩气产气层。这意味着页岩中的层理不可避免，只能根据相关工艺和技术降低层理对多裂缝压裂的影响。

3. 裂缝内的流量分配

各裂缝内的流量分配情况如图 7-7 所示。由图 7-7(a)可知，在压裂初期各裂缝间的干扰较小，裂缝未延伸到层理面，此时，各裂缝间的流量差异较小。图 7-7(b)

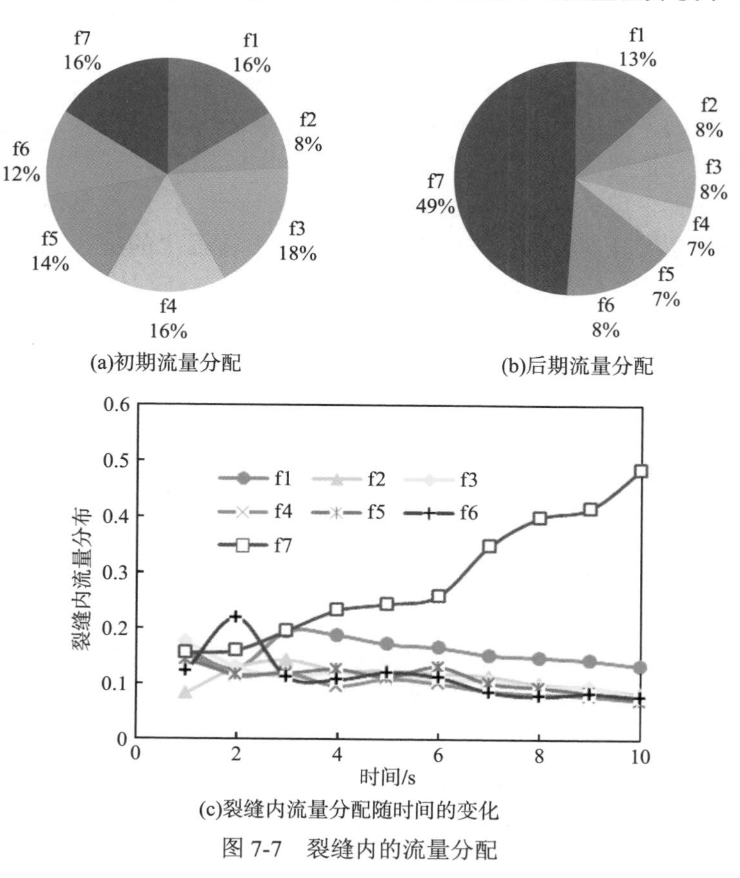

(a)初期流量分配　(b)后期流量分配

(c)裂缝内流量分配随时间的变化

图 7-7　裂缝内的流量分配

为压裂后期的流量分配，图中裂缝 f7 占据了主要流量，比例为 49%。值得注意的是，此时内部裂缝 f2～f6 的流量占比为 7%～8%，远大于无层理时的 3%，说明层理降低了裂缝之间的竞争优势。此外，虽然裂缝 f1 未成为像裂缝 f7 一样的优势裂缝，但其流量仍大于内部裂缝。由图 7-7(c)可知，裂缝 f1 的流量分配在压裂过程中会大于其他内部裂缝。说明裂缝 f1 在外侧仍具有一定的扩展优势，但是层理面大大降低了其扩展优势。

7.2.2 应力差对多裂缝扩展的影响

基础方案的结果是基于均匀地应力场条件的计算结果，而真实地层中地应力并不均匀，一般地，垂向应力会大于水平地应力。为了研究不同地应力条件下层理对水平井多级压裂的影响，定义 $k=\sigma_x/\sigma_z$ 来表示地应力的状态。其中，σ_x 为水平应力，也是裂缝面上的法向应力，σ_z 为地层垂向应力。当 k=1 时地应力均匀；当 k>1 时，水平应力大于垂向应力；当 k<1 时，水平应力小于垂向应力。其他参数保持不变。首先选择 k=0.6，研究水平应力低于垂向应力时层理对裂缝扩展的影响。裂缝形态的演化如图 7-8 所示。由图可知，在垂向应力大于水平应力的条件下，裂缝间的竞争优势基本不受层理的影响。与不含层理地层内的压裂类型类似，在压裂初期缝间干扰作用不明显，随着裂缝的扩展，外部裂缝表现出明显的优势，内部裂缝受到邻近裂缝的干扰，扩展受到抑制。

虽然该条件下层理对多裂缝的竞争和干扰影响不大，但是在裂缝与层理相交处，层理也发生了开裂，如图 7-8(f)所示。由于层理面上的垂向应力大于裂缝面上的水平应力，因此裂缝未能沿着层理面扩展。分析 x 向应力，从图 7-8(b)～(d)，可知，应力干扰区域在层理内更明显。在图 7-8(e)中，裂缝 f3～f5 的干扰应力在两层理之间的值较大。其他区域的干扰应力主要是由外部裂缝 f1 和 f7 引起的。由于外部裂缝引起的干扰应力，裂缝 f2 和 f6 重新闭合。

综上，在垂向应力大于水平应力的状态下，层理面对多裂缝竞争的影响不大。裂缝扩展的动态规律是一致的，即在压裂初期裂缝间的干扰可以忽略，随着压裂时间的增长，层理和裂缝间的影响逐渐显现。因此各状态下压裂初期的差别较小，研究的重点应放在压裂后期。因此我们选择 k=0.6、0.8、1.0、1.1 状态下的压裂后期裂缝形态，结果如图 7-9 所示。对比图 7-9(a)和图 7-9(b)，k=0.8 时外部裂缝 f1 和 f7 的宽度小于 k=0.6 时的宽度，说明水平应力限制了裂缝的宽度。这两种情况下，裂缝的扩展形态一致，外部裂缝的垂向扩展优势依旧明显。图 7-9(c)为地应力均匀时的状态，此时，裂缝在垂向扩展的同时，也会在层理内扩展。此时层理干扰了裂缝的垂向扩展，但没有完全限制裂缝的垂向扩展。水平应力大于垂向应力(k=1.1)的结果如图 7-9(d)所示。此时层理面成为优势扩展路径，完全限制了裂缝的垂向扩展。说明当 k<1 时，层理对多级压裂的影响不大，随着 k 值增大，层

理的影响逐渐明显；当 $k>1$ 时，层理会成为优势通道，完全限制了各裂缝的垂向扩展，消除了各裂缝间的竞争优势。因此，层理对多级压裂的干扰程度受到地应力状态的约束。

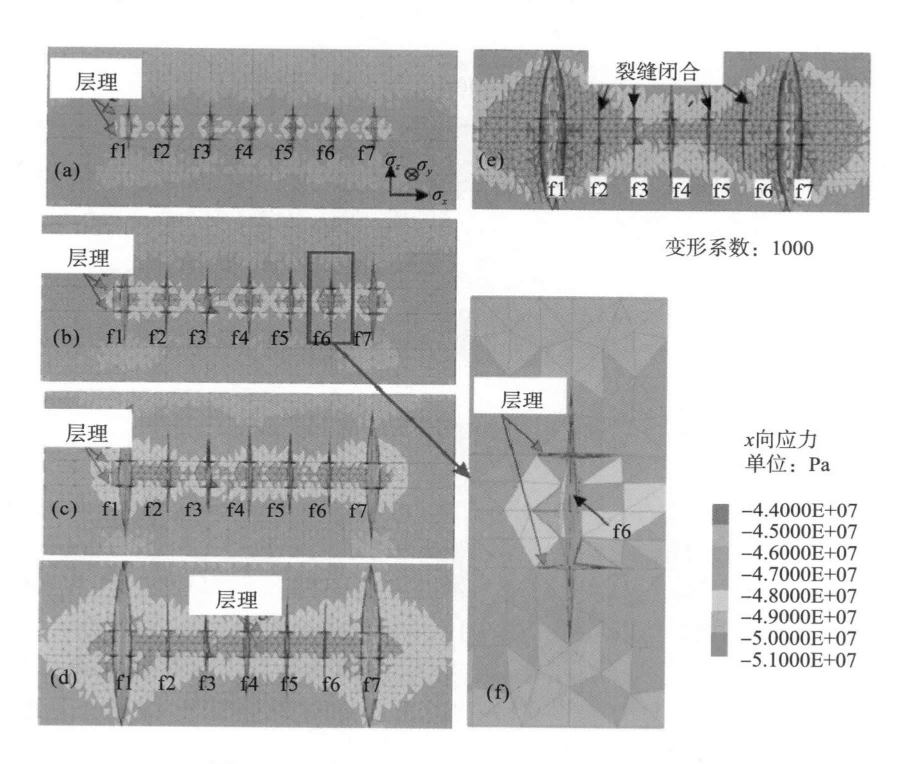

图 7-8　裂缝扩展形态和 x 向应力($k=\sigma_x/\sigma_z=0.6$)

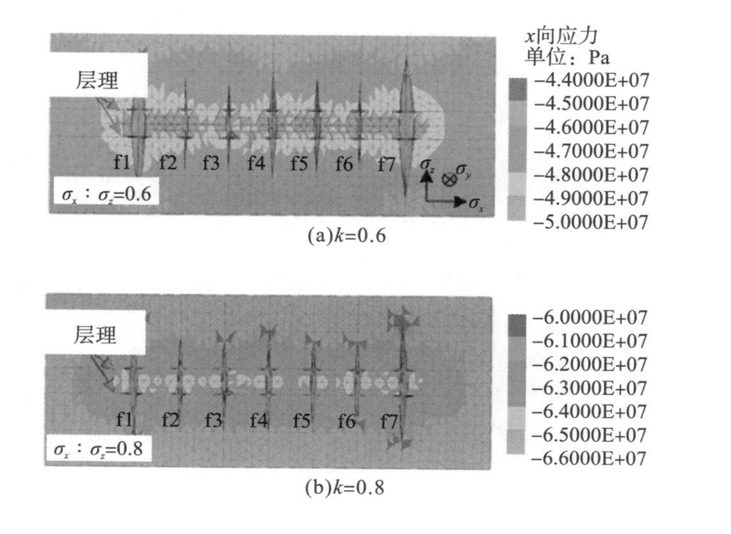

(a)k=0.6

(b)k=0.8

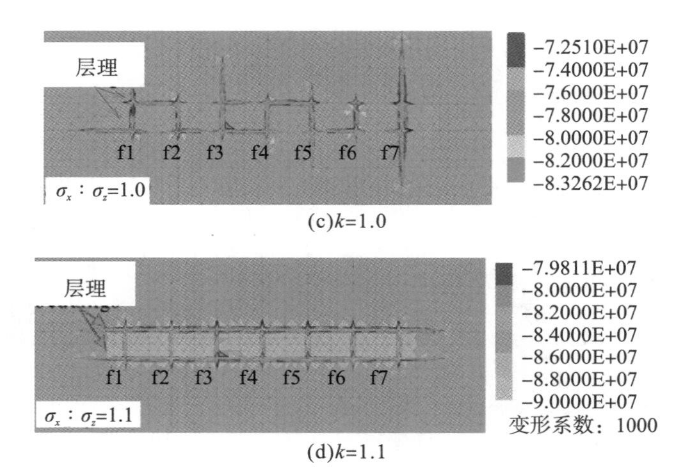

(c) k=1.0

(d) k=1.1

图 7-9　不同地应力差条件下的裂缝扩展

7.2.3　层理与井距对多裂缝扩展的影响

层理对多裂缝压裂的主要影响为限制裂缝的垂向扩展。层理距水平井的距离也会对裂缝的形态造成影响。选择层理距离水平井井筒的距离为 1m、3m、6m 和 9m 分别进行模拟，其中 3m 是已有的基础案例。不同距离的结果如图 7-10 所示。在同样的注入时间内，可以看到在图 7-10(a) 中当层理面距离井筒 1m 时，水力裂缝未穿过层理，而是在层理面内扩展，且裂缝间的层理面几乎完全贯通。图 7-10(b) 为距离为 6m 的裂缝扩展状态，可得外部裂缝 f1 和 f7 在层理面内转向，裂缝在层理面内扩展。内部裂缝之间的层理也有被水力裂缝贯通的趋势，如裂缝 f4 和 f5 之间的上部层理。图 7-10(c) 为距离为 9m 时的裂缝扩展形态。由图可知，外部裂缝 f1 和 f7 发生了转向，裂缝在层理面内扩展。因此层理面距离井筒距离对多级压裂的影响规律较为简单。由于层理的影响，裂缝竖向延伸受到限制，因此层理距离井筒越近，裂缝高度越小；反之，距离越远，主裂缝延伸高度越大。

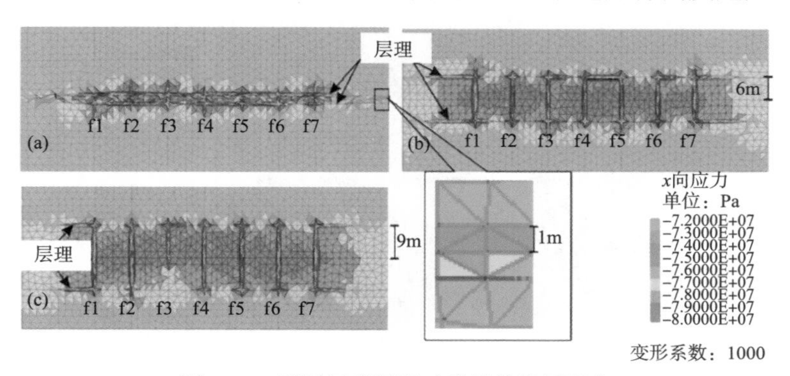

图 7-10　不同层理间距时裂缝的扩展形态

7.2.4　层理数量对多裂缝扩展的影响

真实地层中可能存在多个层理面。层理数量对裂缝扩展有着不同的影响。如图 7-11 所示，在基础案例的基础上，在外侧依次增加层理。基础案例中只有层理 1，然后依次增加，每个层理之间的距离为 3m。

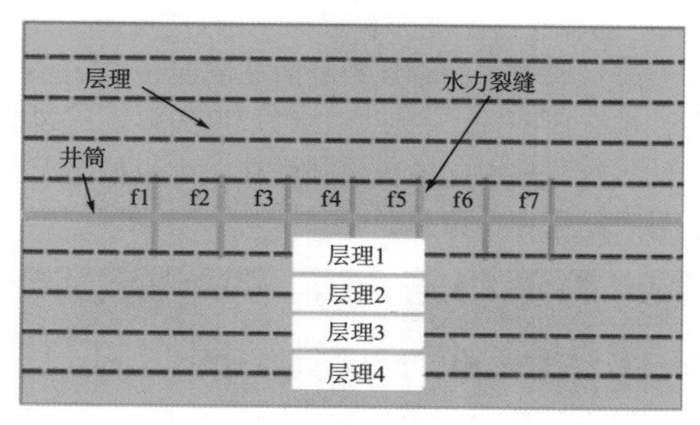

图 7-11　多层理面模型

分别计算单侧层理数为 2～4 时的情况，计算结果如图 7-12 所示。图 7-12(a)为单侧有 2 个层理时的裂缝扩展形态，图 7-12(b)为单侧有 3 个层理的裂缝扩展形态，图 7-12(c)为单侧有 4 个层理的裂缝扩展形态。从这 3 种情况可以发现，当层理面增多后，裂缝在层理面扩展的同时可能会穿过层理面，进而沟通离井筒更远的层理面。一般地，层理 1 和层理 2 都会被水力裂缝穿过，但是层理 3 和层理 4 有部分裂缝会穿过。在多层理面存在的情况下，裂缝间的竞争优势不再明显。但是随着层理的增多，压裂后的裂缝形态更复杂。因此，层理面的增加会提升裂缝系统的复杂性。

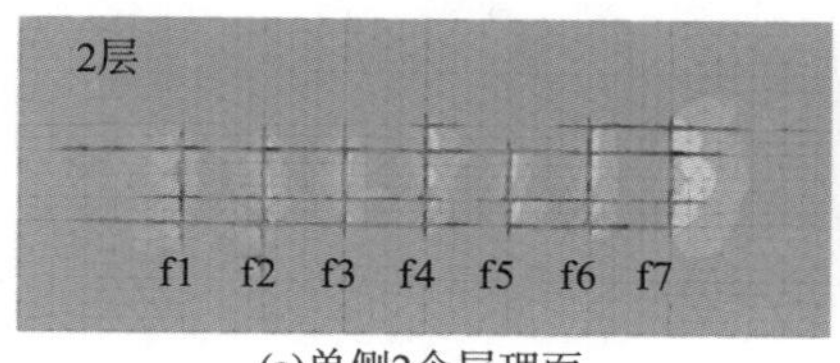

(a)单侧2个层理面

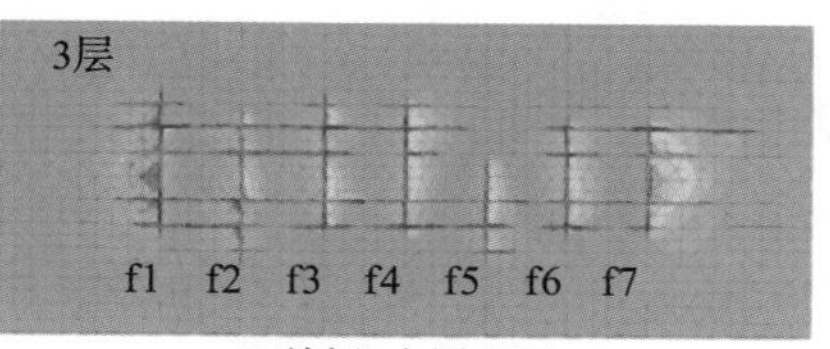

(b)单侧3个层理面

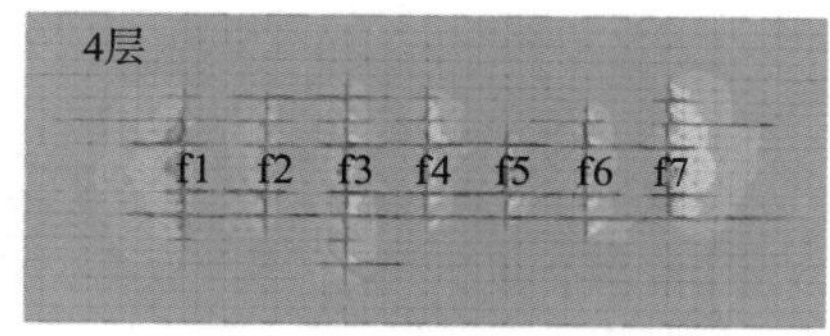

(c)单侧4个层理面

图 7-12　不同层理数条件下的裂缝扩展

图 7-12(c)中只展示了一个截面，不能表征裂缝的三维空间展布。因此在图 7-13 中对 7 个预置裂缝面和 4 个层理面进行单独展示。首先分析 7 个裂缝面，裂缝面中蓝色表示未开裂，其他颜色表示不同的裂缝宽度。由图可知，裂缝在不同层理之间的侧向扩展(y 向)形态差别很大。这和层理面的裂缝连通有着紧密的关系。从层理面上的裂缝形态可以看出，在层理 1 和层理 2 上，各裂缝之间的层理基本贯通。但层理 3 和层理 4 只有部分开裂。说明 7 条裂缝可以很好地穿过层理 1 和层理 2，但只有部分穿过层理 3 和层理 4，且层理离井筒越远，越难以被穿过。在层理面上的裂缝形态更容易看到裂缝面在侧向(y 向)的扩展，并且 y 向的扩展会根据岩层的性质有所不同。说明，二维尺度的多段压裂扩展模拟会导致模拟信息失真。侧向的裂缝扩展引起的流量损失在二维模拟中无法预测，裂缝侧向扩展的不均匀性会导致结果存在偏差。

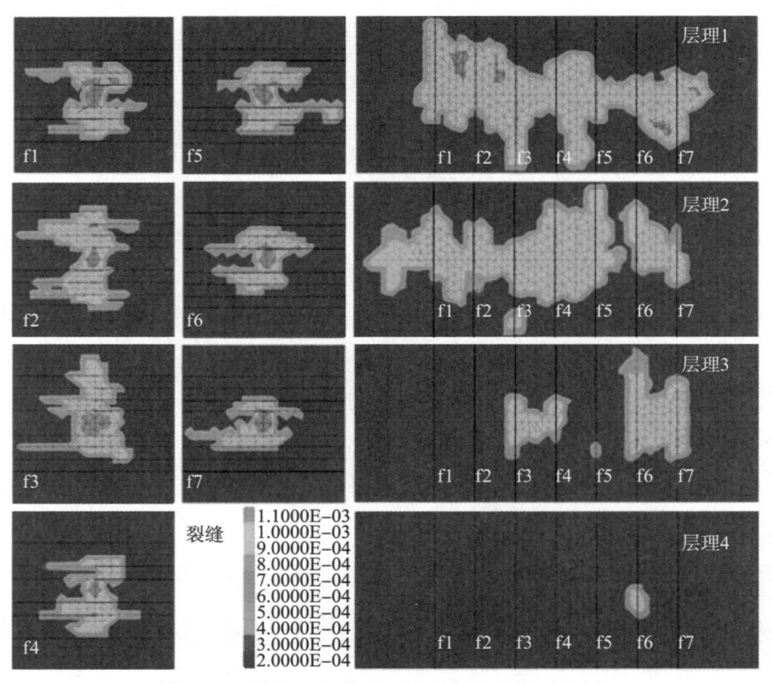

图 7-13　预制裂缝面与层理面上的裂缝形态

7.3　复杂裂缝网络获取及数值计算思考

7.3.1　如何获得更复杂的裂缝网络

由前述讨论可知，层理是否影响多裂缝压裂的扩展与地层应力状态有很大关系。在水平应力远小于垂向应力时，层理对裂缝扩展的阻碍作用很小。此时，裂缝的竞争优势明显。当水平应力接近或大于垂向应力时，层理会严重干扰各裂缝的扩展，甚至完全限制裂缝的垂向扩展。一般地层中，认为水平应力低于垂向应力，但是值得注意的是，裂缝垂向扩展过程中，裂缝内压力作用于裂缝面，裂缝面上的压力最终传递到裂缝间的地层中，导致岩体的水平应力增大，在垂向应力变化不大的情况下，两者的差值减小，层理对裂缝垂向扩展的限制作用逐渐明显。

对于层理到井筒的距离而言，层理面主要限制裂缝的垂向扩展。可以明确的是层理面与井筒距离越大，主裂缝的长度越大。因此在实际工程中，应避免在距离太近的两个层理面内布置水平井。当井筒附近有层理时，也应该通过某些方式来降低层理的阻碍以增大主裂缝长度。相关文献的试验结果表明增大压裂液排量、增大压裂液黏度可以有效增大主裂缝长度[136,140]。那么在含层理地层中也应当通过类似工艺来增大主裂缝长度。

在能够保证主裂缝长度的条件下，层理有利于压裂后裂缝的复杂性。在 7.2.4 中，明确了层理数的增多会提高裂缝的复杂性。因此对于层理对多级压裂的影响应当辩证看待。一方面，层理的存在会影响裂缝在垂向的延伸，限制主裂缝的长度。从这一方面而言层理是不利于压裂改造的。另一方面，层理沟通可以增加裂缝复杂性。在能够保证主裂缝长度的情况下，层理有利于压裂改造。因此，层理对压裂改造的影响要根据实际情况进行讨论，而不能直接判定层理是有利于还是不利于压裂改造中裂缝网络的形成。

综上所述，要使得含层理地层中的裂缝网络更加复杂，有两个关键点：主裂缝长度和沿层理面的扩展。然而，这两者是矛盾的。首先，需要得到主裂缝的长度。这是一个关于裂缝如何穿过更多层理的问题。由前述研究可知，地应力会影响裂缝的扩展。相关研究[141,142]表明，邻近裂缝或井可以改变地应力。因此，应力干预是控制地应力的一种方法，通过地应力的改变来获得较长的主裂缝。室内试验表明，考虑层理时提高注液速度和流体黏度有利于主裂缝的扩展[136,140]。此外，裂缝与层理面接触角的大小也影响其扩展延伸行为。研究表明，高逼近角更有利于主裂缝的延伸。对于裂缝在层理面内的延伸，应该选择应力干涉、较低的注入速度和较低的流体黏度等方法。总之，获取复杂裂缝网络的总体指导思想是先获取较长的主裂缝，再允许裂缝在层理内部扩展。

7.3.2　网格划分对结果的影响

在工程中，岩体是非均质的，因此裂缝的扩展具有随机性。如图 7-6 中，裂缝扩展就具有一定的随机性。裂缝初始状态的轻微差异会导致裂缝最终状态的明显差异。岩体网格划分的轻微差异不是模拟的不足，反而是一种可以体现岩体非均质性的形式。通过这种状态，在几乎相同的应力条件下，裂缝的形态也会有较大差异。虽然网格差异导致起裂的差异，但是模拟中采用的破坏判别模式是相同的，因此模拟的结果依旧是可信的。

虽然网格划分的差异可以反映岩体的非均质性，但网格划分还存在一些问题需要进一步探讨。网格的不同导致初始化的不同，但是网格的哪些差异导致了裂缝起裂的差异呢？这些网格差异代表了岩石的哪些特性？这两个问题仍然不清楚，所以需要更深入的研究。

7.3.3　二维模拟与三维模拟的差异

二维形态的裂缝竞争只是在平面线网，假设裂缝的高度是固定的。在二维条件下，裂缝的扩展形态如图 7-14 所示。当水力裂缝扩展遇到节理面时，裂缝只能继续向方向 1 或者 2 扩展，其他方向在二维计算中是忽略的。但是在三维条件下，裂缝的扩展方向多了一个选择。裂缝可以在方向 3 扩展，这个方向称为侧向。从三维计算可知，裂缝面在不同位置的侧向扩展并不相同，裂缝在空间中的高度也有差异。在裂缝高度差异较大的情况下，三维分析就具有优势。三维水力压裂模型可以更好更真实地模拟水力裂缝的形态。

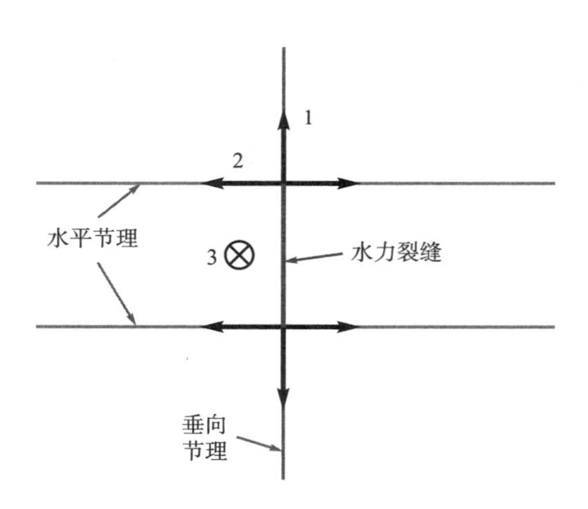

图 7-14　裂缝扩展方向示意图

虽然从三维尺度模拟了裂缝的扩展形态，但模拟中裂缝是预置的，这种情况未考虑应力干扰下裂缝的转向。对于水力压裂的三维扩展的数值模拟方法仍有待发展。虽然相关文献对三维水力压裂进行了模拟，但大多仍是进行了简化或特定假设。从目前的文献而言，3DEC 是有效模拟三维水力压裂的方法之一。对于三维水力压裂的模拟期待有更为简单有效且真实的方法。

7.4 本 章 小 结

通过块体离散元方法，本章建立了含层理地层模型，考虑了含层理页岩地层中的多裂缝同步压裂问题，模拟了多裂缝同步压裂条件下裂缝的扩展形态和裂缝间的压裂液流量分配，探讨了层理对多裂缝同步压裂中裂缝网络形成的影响规律，分析了应力差、层理面与井筒间距、层理数对裂缝网络形成的影响。主要结论如下：

(1) 多条裂缝同时扩展时，由于裂缝之间的应力干扰，裂缝之间的扩展优先程度不同。其中外部裂缝的扩展优势大于内部裂缝。内部裂缝受到裂缝之间应力的干扰，裂缝的扩展受到限制。在高地应力差条件下，内部裂缝在开裂后可能会发生闭合。多条裂缝同时扩展时，各裂缝内的流量分配不同。外部裂缝分配的流量大于内部裂缝。裂缝的流量分配规律与裂缝的扩展形态规律相同。

(2) 层理对裂缝之间的竞争有削弱作用，且限制裂缝的垂向扩展。层理使裂缝之间的竞争差异缩小，削弱优势裂缝的扩展优势，优势裂缝的进液量降低，其他裂缝的进液量有所提高。

(3) 层理对裂缝网络形成的影响受到地应力状态的影响。地应力差越小，层理的作用越明显。在地应力差较大的情况下，层理对裂缝优势的削减作用不明显。

(4) 层理对裂缝网络的形成要从两个方面来评价。一方面，层理阻碍裂缝垂向扩展，降低了裂缝的长度。这会缩小压裂改造的范围，不利于储层的压裂改造。另一方面，层理会增加压裂后裂缝网络的复杂性，有利于储层压裂改造。因此在含层理地层的压裂改造过程中，关键的问题是如何降低层理对裂缝扩展长度的限制，使裂缝扩展得更远。

参 考 文 献

[1] 谢和平, 高峰, 鞠杨, 等. 页岩气储层改造的体破裂理论与技术构想[J]. 科学通报, 2016(1): 36-46.

[2] 潘继平, 周东升, 刘洪林. 我国非常规天然气资源与发展前景[J]. 中国能源, 2010, 32(11): 37-41.

[3] 吴奇, 胥云, 刘玉章, 等. 美国页岩气体积改造技术现状及对我国的启示[J]. 石油钻采工艺, 2011, 33(2): 1-7.

[4] 吴奇, 胥云, 王腾飞, 等. 增产改造理念的重大变革——体积改造技术概论[J]. 天然气工业, 2011, 31(4): 7-12.

[5] 陈作, 薛承瑾, 蒋廷学, 等. 页岩气井体积压裂技术在我国的应用建议[J]. 天然气工业, 2010, 30(10): 30-32.

[6] 王欢, 廖新维, 赵晓亮, 等. 非常规油气藏储层体积改造模拟技术研究进展[J]. 特种油气藏, 2014, 21(2): 8-15.

[7] 刘仲秋, 章青. 岩体中饱和渗流应力耦合模型研究进展[J]. 力学进展, 2008, 38(5): 585-600.

[8] Wang F P, Reed R M. Pore networks and fluid flow in gas shales[C]. SPE-124253-MS, 2009.

[9] Arogundade O, Sohrabi M. A review of recent developments and challenges in shale gas recovery[C]. SPE-160869-MS, 2012.

[10] Ambrose R J, Hartman R C, Campos M D, et al. New pore-scale considerations for shale gas in place calculations[C]. SPE-131772-MS, 2010.

[11] Ambrose R J, Hartman R C, Diaz-Campos M, et al. Shale gas-in-place calculations part Ⅰ: New pore-scale considerations[J]. SPE Journal, 2012, 17(1): 219-229.

[12] Hill D G, Nelson C R. Gas productive fractured shales: An overview and update[J]. Gas TIPS, 2000, 6(2): 4-13.

[13] Vermylen J P. Geomechanical studies of the Barnett Shale, Texas, USA[D]. Palo Alto, California, USA: Stanford University, 2011.

[14] Bird R B, Stewart W E, Lightfoot E N, et al. Transport phenomena[J]. J. Appl. Mech., 1961, 28(2): 317-318.

[15] Javadpour F, Fisher D, Unsworth M. Nanoscale gas flow in shale gas sediments[J]. Journal of Canadian Petroleum Technology, 2007, 46(10): 55-61.

[16] Javadpour F. Nanopores and apparent permeability of gas flow in mudrocks (shales and siltstone)[J]. Journal of Canadian Petroleum Technology, 2009, 48(8): 16-21.

[17] Hamed D, Ettehad A, Javadpour F, et al. Gas flow in ultra-tight shale strata[J]. Journal of Fluid Mechanics, 2012, 710(12): 641-658.

[18] Mehmani A, Prodanović M, Javadpour F. Multiscale, multiphysics network modeling of shale matrix gas flows[J]. Transport in Porous Media, 2013, 99(2): 377-390.

[19] Shabro V, Torres-Verdin C, Javadpour F. Numerical simulation of shale-gas production: from pore-scale modeling of slip-flow, Knudsen diffusion, and Langmuir desorption to reservoir modeling of compressible fluid[C]. North American Unconventional Gas Conference and Exhibition, 2011.

[20] Civan F, Rai C S, Sondergeld C H. Shale-gas permeability and diffusivity inferred by improved formulation of relevant retention and transport mechanisms[J]. Transport in Porous Media, 2011, 86(3): 925-944.

[21] Civan F, Rai C, Sondergeld C H. Determining shale permeability to gas by simultaneous analysis of various pressure tests[J]. SPE Journal, 2012, 17(17): 717-726.

[22] Civan F, Rai C, Sondergeld C H. Intrinsic shale permeability determined by pressure-pulse measurements using a multiple-mechanism apparent-gas-permeability non-Darcy model[C]. SPE-135087-MS, 2010.

[23] Civan F. Effective Correlation of apparent gas permeability in tight porous media[J]. Transport in Porous Media, 2010, 82(2): 375-384.

[24] Civan F, Rai C S, Sondergeld C H. Shale permeability determined by simultaneous analysis of multiple pressure-pulse measurements obtained under different conditions[C]. North American Unconventional Gas Conference and Exhibition, 2011.

[25] Perdomo J, Civan F, Devegowda D, et al. Design and examination of requirements for a rigorous shale-gas reservoir simulator compared to current shale-gas simulator[C]. North American Unconventional Gas Conference and Exhibition, 2011.

[26] Villazon G, Sigal R F, Civan F, et al. Parametric investigation of shale gas production considering nano-scale pore size distribution, formation factor, and non-Darcy flow mechanisms[C]. SPE-147438-MS, 2011.

[27] Hudson J D, Civan F, Michel G, et al. Modeling multiple-porosity transport in gas-bearing shale formations[C]. SPE-153535-MS, 2012.

[28] Xiong X, Devegowda D, Villazon G, et al. A fully-coupled free and adsorptive phase transport model for shale gas reservoirs including non-Darcy flow effects[C]. SPE-159758-MS, 2012.

[29] Beskok A, Karniadakis G E. Report: A model for flows in channels, pipes, and ducts at micro and nano scales[J]. Microscale Thermophysical Engineering, 1999, 3(1): 43-77.

[30] Sakhaee-Pour A, Bryant S. Gas permeability of shale[J]. SPE Reservoir Evaluation & Engineering, 2012, 15(4): 401-409.

[31] Mahrer K D. A review and perspective on far-field hydraulic fracture geometry studies[J]. Journal of Petroleum Science & Engineering, 1999, 24(1): 13-28.

[32] Maxwell S C. Microseismic imaging of hydraulic fracture complexity in the Barnett shale[C]. SPE-77440-MS, 2002.

[33] Fisher M K, Wright C A, Davidson B M, et al. Integrating fracture mapping technologies to optimize stimulations in the Barnett shale[C]. SPE-77441-MS, 2002.

[34] Fisher M K, Heinze J R, Harris C D, et al. Optimizing horizontal completion techniques in the Barnett shale using microseismic fracture mapping[C]. SPE-90051-MS, 2004.

[35] Mayerhofer M, Lolon E, Youngblood J, et al. Integration of microseismic fracture mapping results with numerical fracture network production modeling in the Barnett shale[C]. SPE-102103-MS, 2006.

[36] Mayerhofer M J, Lolon E, Warpinski N R, et al. What is stimulated reservoir volume?[J]. SPE Production & Operations, 2010, 25(1): 89-98.

[37] Medeiros F, Ozkan E, Kazemi H. Productivity and drainage area of fractured horizontal wells in tight gas reservoirs[J]. SPE Reservoir Evaluation & Engineering, 2008, 11(5): 902-911.

[38] Clarkson C R, Nobakht M, Kaviani D, et al. Production analysis of tight-gas and shale-gas reservoirs using the dynamic-slippage concept[J]. SPE Journal, 2012, 17(1): 230-242.

[39] Wu Q, Xu Y, Wang X Q, et al. Volume fracturing technology of unconventional reservoirs: Connotation, design optimization and implementation[J]. Petroleum Exploration and Development, 2012, 39(3): 377-384.

[40] Waters G A, Dean B K, Downie R C, et al. Simultaneous hydraulic fracturing of adjacent horizontal wells in the woodford shale[C]. SPE-119635-MS, 2009.

[41] 贾长贵, 李双明, 王海涛, 等. 页岩储层网络压裂技术研究与试验[J]. 中国工程科学, 2012, 14(6): 106-112.

[42] Miller C K, Waters G A, Rylander E I. Evaluation of production log data from horizontal wells drilled in organic shales[C]. North American Unconventional Gas Conference and Exhibition, 2011.

[43] Warpinski N R, Wolhart S L, Wright C A. Analysis and prediction of microseismicity induced by hydraulic fracturin[J]. SPE Journal, 2004, 9(1): 24-33.

[44] Nassir M, Settari A, Wan R G. Prediction of stimulated reservoir volume and optimization of fracturing in tight gas and shale with a fully elasto-plastic coupled geomechanical model[J]. SPE Journal, 2014, 19(5): 771-785.

[45] Liu C, Liu H, Zhang Y P, et al. Optimal spacing of staged fracturing in horizontal shale-gas well[J]. Journal of Petroleum Science & Engineering, 2015, 132: 86-93.

[46] Sesetty V, Ghassemi A. A numerical study of sequential and simultaneous hydraulic fracturing in single and multi-lateral horizontal wells[J]. Journal of Petroleum Science & Engineering, 2015, 132: 65-76.

[47] Yu W, Luo Z, Javadpour F, et al. Sensitivity analysis of hydraulic fracture geometry in shale gas reservoirs[J]. Journal of Petroleum Science & Engineering, 2014, 113(1): 1-7.

[48] Freeman C M, Moridis G, Ilk D, et al. A numerical study of performance for tight gas and shale gas reservoir systems[J]. Journal of Petroleum Science & Engineering, 2013, 108(3): 22-39.

[49] Xie W, Li X, Zhang L, et al. Two-phase pressure transient analysis for multi-stage fractured horizontal well in shale gas reservoirs[J]. Journal of Natural Gas Science & Engineering, 2014, 21: 691-699.

[50] Ambrose R J, Hartman R C, Diaz-Campos M, et al. Shale gas-in-place calculations part Ⅰ: New pore-scale considerations[J]. SPE Journal, 2012, 17(1): 219-229.

[51] Bonnefoy-Claudet S, Cotton F, Bard P Y. The nature of noise wavefield and its applications for site effects studies: A literature review[J]. Earth Science Reviews, 2006, 79(3-4): 205-227.

[52] Li Z G. Rock-breaking test research on earthquake sequence type[J]. Journal of Seismological Research, 2005, 28(4): 388-392.

[53] 张山, 刘清林, 赵群, 等. 微地震监测技术在油田开发中的应用[J]. 石油物探, 2002, 41(2): 226-231.

[54] 杨志国, 于润沧, 郭然, 等. 微震监测技术在深井矿山中的应用[J]. 岩石力学与工程学报, 2008, 27(5): 1066-1073.

[55] 彭通曙, 刘强, 何欣, 等. 立体裂缝实时监测技术在油藏水力压裂中的应用[J]. 石油化工高等学校学报, 2011, 24(3): 47-51.

[56] 张永华, 陈祥, 杨道庆, 等. 微地震监测技术在水平井压裂中的应用[J]. 物探与化探, 2013, 37(6): 1080-1084.

[57] 邹才能. 非常规油气地质学[M]. 北京: 地质出版社, 2014.

[58] Warpinski N, Griffin L, Davis E, et al. Improving hydraulic fracture diagnostics by joint inversion of downhole microseismic and tiltmeter data[C]. SPE-102690-MS, 2006.

[59] 刘振武, 撒利明, 巫芙蓉, 等. 中国石油集团非常规油气微地震监测技术现状及发展方向[J]. 石油地球物理勘探, 2013, 48(5): 843-853.

[60] 撒利明, 甘利灯, 黄旭日, 等. 中国石油集团油藏地球物理技术现状与发展方向[J]. 石油地球物理勘探, 2014, 49(3): 611-626.

[61] 闫鑫, 胡天跃, 何怡原. 地表测斜仪在监测复杂水力裂缝中的应用[J]. 石油地球物理勘探, 2016, 51(3): 480-486.

[62] Wright C A, Davis E J, Minner W A, et al. Surface tiltmeter fracture mapping reaches new depths-10,000 feet and beyond?[C]. SPE-39919-MS, 1998.

[63] 程远方, 王光磊, 李友志, 等. 致密油体积压裂缝网扩展模型建立与应用[J]. 特种油气藏, 2014, 21(4): 138-141.

[64] 唐梅荣, 张矿生, 樊凤玲. 地面测斜仪在长庆油田裂缝测试中的应用[J]. 石油钻采工艺, 2009, 31(3): 107-110.

[65] Mayerhofer M, Stutz L, Davis E, et al. Optimizing fracture stimulation in a new coalbed methane reservoir in wyoming using treatment well tiltmeters and integrated fracture modeling[C]. SPE-84490-MS, 2003.

[66] Astakhov D, Roadarmel W, Nanayakkara A. A new method of characterizing the stimulated reservoir volume using tiltmeter-based surface microdeformation measurements[C]. SPE-151017-MS, 2012.

[67] 修乃岭, 王欣, 梁天成, 等. 地面测斜仪在煤层气井组压裂裂缝监测中的应用[J]. 特种油气藏, 2013, 20(4): 147-150.

[68] 修乃岭, 严玉忠, 付海峰, 等. 吉县区块煤层气U形水平井水力压裂裂缝形态监测与模拟实验[J]. 新疆石油地质, 2016, 37(2): 213-217.

[69] 周健, 张保平, 李克智, 等. 基于地面测斜仪的"井工厂"压裂裂缝监测技术[J]. 石油钻探技术, 2015(3): 71-75.

[70] Shapiro S A, Huenges E, Borm G. Estimating the crust permeability from fluid-injection-induced seismic emission at the KTB site[J]. Geophysical Journal International, 1997, 131(2): 15-18.

[71] Yu G. Petrophysics and software development, and 3D analytical modeling of stimulated reservoir volume for tight and shale reservoirs[D]. Canada : University of Calgary, 2012.

[72] Xu W, Thiercelin M J, Walton I C. Characterization of hydraulically-induced shale fracture network using an analytical/semi-analytical model[C]. SPE-124697-MS, 2009.

[73] Meyer B R, Bazan L W. A discrete fracture network model for hydraulically induced fractures-theory, parametric and case studies[C]. SPE-140514-MS, 2011.

[74] Crouch S L, Starfield A M, Rizzo F J. Boundary Element Methods in Solid Mechanics[M]. London: George Allen & Unwin, 1983.

[75] Dverstorp B, Andersson J. Application of the discrete fracture network concept with field data: Possibilities of model calibration and validation[J]. Water Resources Research, 1989, 25(3): 540-550.

[76] Maulianda B T, Hareland G, Chen S. Geomechanical consideration in stimulated reservoir volume dimension models prediction during multi-stage hydraulic fractures in horizontal wells-glauconite tight formation in Hoadley field[C]. US Rock Mechanics/Geomechanics Symposium, 2014.

[77] 姚军，孙海，黄朝琴，等. 页岩气藏开发中的关键力学问题[J]. 中国科学：物理学 力学 天文学，2013(12): 1527-1547.

[78] 庄茁，柳占立，王涛，等. 页岩水力压裂的关键力学问题[J]. 科学通报，2016, 61(1): 72-81.

[79] 孙瑞泽. 涪陵页岩气田储层改造体积计算方法研究[D]. 成都：西南石油大学，2016.

[80] Weng X, Kresse O, Cohen C E, et al. Modeling of hydraulic fracture network propagation in a naturally fractured formation[J]. SPE Production & Operations, 2011, 26(4): 368-380.

[81] 温庆志，高金剑，李杨，等. 页岩储层 SRV 影响因素分析[J]. 西安石油大学学报(自然科学版)，2014(6): 58-64.

[82] 时贤，程远方，蒋恕，等. 页岩储层裂缝网络延伸模型及其应用[J]. 石油学报，2014, 35(6): 1130-1137.

[83] 赵金洲，李志强，胡永全，等. 考虑页岩储层微观渗流的压裂产能数值模拟[J]. 天然气工业，2015, 35(6): 53-58.

[84] 舒亮. 多尺度页岩气藏水平井压裂产能模拟研究[D]. 成都：西南石油大学，2015.

[85] 高树生，刘华勋，叶礼友，等. 页岩气藏 SRV 区域气体扩散与渗流耦合模型[J]. 天然气工业，2017, 37(1): 8.

[86] 尹丛彬，李彦超，王素兵，等. 页岩压裂裂缝网络预测方法及其应用[J]. 天然气工业，2017, 37(4): 9.

[87] Kim J, Moridis G J. Gas flow tightly coupled to elastoplastic geomechanics for tight and shale gas reservoirs: Material failure and enhanced permeability[J]. SPE Journal, 2014, 19(6): 1110-1125.

[88] Ma Y, Pan Z, Zhong N, et al. Experimental study of anisotropic gas permeability and its relationship with fracture structure of Longmaxi Shales, Sichuan Basin, China[J]. Fuel, 2016, 180: 106-115.

[89] Wang J, Liu H, Wang L, et al. Apparent permeability for gas transport in nanopores of organic shale reservoirs including multiple effects[J]. International Journal of Coal Geology, 2015, 152(3): 50-62.

[90] Heller R, Vermylen J, Zoback M. Experimental investigation of matrix permeability of gas shales[J]. AAPG Bulletin, 2014, 98(5): 975-995.

[91] Raghavan R, Chin L Y. Productivity changes in reservoirs with stress-dependent permeability[J]. SPE Reservoir Evaluation & Engineering, 2002, 7(4): 308-315.

[92] Cho Y, Ozkan E, Apaydin O G. Pressure-dependent natural-fracture permeability in shale and its effect on shale-gas well production[J]. SPE Reservoir Evaluation & Engineering, 2013, 16(2): 216-228.

[93] Azom P N, Javadpour F. Dual-continuum modeling of shale and tight gas reservoirs[C]. SPE-159584-MS, 2012.

[94] Brohi I G, Pooladi-Darvish M, Aguilera R. Modeling fractured horizontal wells as dual porosity composite reservoirs—application to tight gas, shale gas and tight oil cases[C]. SPE-144057-MS, 2011.

[95] Huang T, Guo X, Chen F. Modeling transient flow behavior of a multiscale triple porosity model for shale gas reservoirs[J]. Journal of Natural Gas Science & Engineering, 2015, 23: 33-46.

[96] Shabro V, Torres-Verdin C, Javadpour F. Numerical simulation of shale-gas production: From pore-scale modeling of slip-flow Knudsen diffusion and Langmuir desorption to reservoir modeling of compressible fluid[C]. North American Unconventional Gas Conference and Exhibition, 2011.

[97] Aboaba A L. Estimation of fracture properties for a horizontal well with multiple hydraulic fractures in gas shale[D]. Morgantown: West Virginia University, 2010.

[98] 段永刚, 魏明强, 李建秋, 等. 页岩气藏渗流机理及压裂井产能评价[J]. 重庆大学学报, 2011, 34(4): 62-66.

[99] 李晓强, 周志宇, 冯光, 等. 页岩基质扩散流动对页岩气井产能的影响[J]. 油气藏评价与开发, 2011, 1(5): 67-70.

[100] Guo C, Wei M, Chen H, et al. Improved numerical simulation for shale gas reservoirs[C]//Offshore Technology Conference Asia, 2014.

[101] 姚军, 孙海, 樊冬艳, 等. 页岩气藏运移机制及数值模拟[J]. 中国石油大学学报(自然科学版), 2013, 37(1): 91-98.

[102] 任俊杰, 郭平, 王德龙, 等. 页岩气藏压裂水平井产能模型及影响因素[J]. 东北石油大学学报, 2012, 36(6): 76-81.

[103] 吕祥锋, 潘一山, 刘建军, 等. 孔隙压力对煤岩基质解吸变形影响的试验研究[J]. 岩土力学, 2010, 31(11): 3447-3451.

[104] 李建秋, 曹建红, 段永刚, 等. 页岩气井渗流机理及产能递减分析[J]. 天然气勘探与开发, 2011, 34(2): 34-37.

[105] 王坤, 张烈辉, 陈飞飞. 页岩气藏中两条互相垂直裂缝井产能分析[J]. 特种油气藏, 2012, 19(4): 130-133.

[106] 谢维扬, 李晓平. 水力压裂缝导流的页岩气藏水平井稳产能力研究[J]. 天然气地球科学, 2012, 23(2): 387-392.

[107] 曾凡辉, 王小魏, 郭建春, 等. 基于连续拟稳定法的页岩气体积压裂水平井产量计算[J]. 天然气地球科学, 2018, 29(7): 9.

[108] 闫建萍, 张同伟, 李艳芳, 等. 页岩有机质特征对甲烷吸附的影响[J]. 煤炭学报, 2013, 38(5): 805-811.

[109] 曹涛涛, 宋之光, 王思波, 等. 不同页岩及干酪根比表面积和孔隙结构的比较研究[J]. 中国科学: 地球科学, 2015, 45(2): 139-151.

[110] 王积森, 张洪云, 张国松, 等. 分子模拟中碳纳米管模型建立原理分析[J]. 微纳电子技术, 2006, 43(11): 520-524.

[111] Lewis G N. The law of physico-chemical change[J]. Proceedings of the American Academy of Arts & Sciences, 1901, 37(3): 49-69.

[112] 傅爱华. 化学热力学[M]. 杭州: 浙江大学出版社, 1991.

[113] 陈必清. 普遍化方法计算混合气体逸度[J]. 吉林化工学院学报, 2000, 17(3): 35-37.

[114] 张乃文, 陈嘉宾, 于志家. 化工热力学[M]. 大连: 大连理工大学出版社, 2006.

[115] Li Y, Hu Z, Liu X, et al. Insights into interactions and microscopic behavior of shale gas in organic-rich nano-slits by molecular simulation[J]. Journal of Natural Gas Science and Engineering, 2018, 59: 309-325.

[116] Wang H, Qu Z G, Zhang W, et al. Experimental and numerical study of CO_2 adsorption on copper benzene-1,3,5-tricarboxylate（Cu-BTC）metal organic framework[J]. International Journal of Heat & Mass Transfer, 2016, 92: 859-863.

[117] 张超，鲁雪生，顾安忠. 天然气和氢气吸附储存吸附热研究现状[J]. 太阳能学报, 2004, 25(2): 249-253.

[118] Middleton R S, Carey J W, Currier R P, et al. Shale gas and non-aqueous fracturing fluids: Opportunities and challenges for supercritical CO_2[J]. Applied Energy, 2015, 147(3): 500-509.

[119] Cui X, Bustin A M M, Bustin R M. Measurements of gas permeability and diffusivity of tight reservoir rocks: different approaches and their applications[J]. Geofluids, 2009, 9(3): 208-223.

[120] Zhai Z, Wang X, Xu J, et al. Adsorption and diffusion of shale gas reservoirs in modeled clay minerals at different geological depths[J]. Energy & Fuels, 2014, 28(12): 7467-7473.

[121] Hu X, Radosz M. CO_2-filling capacity and selectivity of carbon nanopores: Synthesis, texture, and pore-size distribution from quenched-solid density functional theory (QSDFT) [J]. Environmental Science & Technology, 2011, 45(16): 7068-7074.

[122] Zhang H, Cao D. Molecular simulation of displacement of shale gas by carbon dioxide at different geological depths[J]. Chemical Engineering Science, 2016, 156: 121-127.

[123] Warren J E, Root P J. The behavior of naturally fractured reservoirs[J]. Society of Petroleum Engineers Journal, 1963, 3(3): 245-255.

[124] Bear J. Dynamics of fluids in porous media[J]. Engineering Geology, 1972, 7(2): 174-175.

[125] Liu H H, Rutqvist J, Berryman J G. On the relationship between stress and elastic strain for porous and fractured rock[J]. International Journal of Rock Mechanics & Mining Sciences, 2009, 46(2): 289-296.

[126] 折文旭，陈军斌. 纳米级页岩孔隙吸附厚度计算方法及其对比分析[J]. 西安石油大学学报(自然科学版)，2014, 29(4): 69-72.

[127] 糜利栋，姜汉桥，李俊键，等. 页岩储层渗透率数学表征[J]. 石油学报, 2014, 35(5): 928-934.

[128] Palmer I, Mansoori J. How permeability depends on stress and pore pressure in coalbeds: a new model[J]. SPE Reservoir Evaluation & Engineering, 1998, 1(6):539-544.

[129] Bustin A M M, Bustin R M. Importance of rock properties on the producibility of gas shales[J]. International Journal of Coal Geology, 2012, 103(23): 132-147.

[130] Reiss L H. The reservoir engineering aspects of fractured formations[M]. Texas: Gulf Publishing Company, 1980.

[131] Zhang J, Standifird W B, Roegiers J C, et al. Stress-dependent fluid flow and permeability in fractured media: From lab experiments to engineering applications[J]. Rock Mechanics and Rock Engineering, 2007, 40(1): 3-21.

[132] Myers R. Marcellus shale update[R]. Independent Oil & Gas Association of West Virginia, 2008.

[133] 赵金洲，任岚，沈骋，等. 页岩气储层缝网压裂理论与技术研究新进展[J]. 天然气工业, 2018, 38(3): 1-14.

[134] 陈作，李双明，陈赞，等. 深层页岩气水力裂缝起裂与扩展试验及压裂优化设计[J]. 石油钻探技术，2020, 48(3): 1-12.

[135] Zou Y S, Zhangbh S C, Ma X F, et al. Numerical investigation of hydraulic fracture network propagation in naturally fractured shale formations[J]. Journal of Structural Geology, 2016, 84: 1-13.

[136] Tan P, Jin Y, Han K, et al. Analysis of hydraulic fracture initiation and vertical propagation behavior in laminated shale formation[J]. Fuel, 2017, 206: 482-493.

[137] Peirce A, Bunger A. Interference fracturing: Nonuniform distributions of perforation clusters that promote simultaneous growth of multiple hydraulic fractures[J]. SPE Journal, 2015, 20(2): 384-395.

[138] Olson J E. Multi-fracture propagation modeling: Applications to hydraulic fracturing in shales and tight gas sands[C]. The 42nd US Rock Mechanics Symposium, 2008.

[139] Zhao J, Chen X, Li Y, et al. Numerical simulation of multi-stage fracturing and optimization of perforation in a horizontal well[J]. Petroleum Exploration and Development, 2017, 44(1): 119-126.

[140] Beugelsdijk L J L, Pater C, Sato K. Experimental hydraulic fracture propagation in a multi-fractured medium[C]. SPE-59419-MS, 2000.

[141] Li X, Wang J H, Elsworth D. Stress redistribution and fracture propagation during restimulation of gas shale reservoirs[J]. Journal of Petroleum Science & Engineering, 2017, 154:150-160.

[142] Manríquez A L. Stress behavior in the near fracture region between adjacent horizontal wells during multistage fracturing using a coupled stress-displacement to hydraulic diffusivity model[J]. Journal of Petroleum Science and Engineering, 2018,162: 822-834.